U0650417

地表水自动监测数据审核及评价典型案例

中国环境监测总站　编著

中国环境出版集团 · 北京

图书在版编目（CIP）数据

地表水自动监测数据审核及评价典型案例 / 中国环
境监测总站编著 . -- 北京：中国环境出版集团，2025.3
ISBN 978-7-5111-5772-0

Ⅰ.①地… Ⅱ.①中… Ⅲ.①地面水—水质监测—自
动监测—数据管理—案例 Ⅳ.① X832

中国国家版本馆 CIP 数据核字（2023）第 255573 号

责任编辑　曲　婷
封面设计　彭　杉

出版发行　中国环境出版集团
　　　　　（100062　北京市东城区广渠门内大街 16 号）
　　　　　网　　址：http：//www.cesp.com.cn.
　　　　　电子邮箱：bjgl@cesp.com.cn.
　　　　　联系电话：010-67112765（编辑管理部）
　　　　　　　　　　010-67112736（第五分社）
　　　　　发行热线：010-67125803，010-67113405（传真）
印　　刷　北京中科印刷有限公司
经　　销　各地新华书店
版　　次　2025 年 3 月第 1 版
印　　次　2025 年 3 月第 1 次印刷
开　　本　787×1092　1/16
印　　张　12
字　　数　220 千字
定　　价　78.00 元

【版权所有。未经许可，请勿翻印、转载，违者必究。】
如有缺页、破损、倒装等印装质量问题，请寄回本集团更换。

中国环境出版集团郑重承诺：
中国环境出版集团合作的印刷单位、材料单位均具有中国环境标志产品认证。

编 委 会

主　编　姚志鹏　　刘　允　　陈亚男

副主编　陈　鑫　　沈嘉豪

编　委（按姓氏笔画排序）

王　姝　　王延军　　曲桂玉　　仲雨晴

刘　允　　刘　京　　刘清旺　　杨春红

吴明玉　　何宇慧　　沈嘉豪　　张　丽

陈　鑫　　陈亚男　　邵美琪　　姚志鹏

铁振平　　蒋本锋

前 言

　　根据生态环境部的战略决策，为深入贯彻习近平生态文明思想，落实党和国家机构改革要求，科学、全面反映全国地表水环境质量状况及重要江河湖泊水体功能保障情况，构建统一的水生态环境监测体系，"十四五"期间地表水环境质量监测采用以自动监测为主、手工监测为辅的技术体系。2018年国家财政投资在全国2 050个地表水环境质量国家考核断面（以下简称"国考断面"）上全面建设水质自动监测站，由中国环境监测总站负责统一建设与管理，实现"国家考核、国家监测、数据共享"的管理目标。

　　为确保地表水环境质量自动监测数据真实、有效，国控水站构建了贯穿水站运行全过程的多级质控措施（包括日质控、周质控、月质控、盲样考核）和多维度质控体系，并对环境监测数据进行了严格的审核流程设计，以确保数据的真实、有效，数据经审核人员三级审核后入库。

　　影响监测数据有效性的原因多种多样，既有仪器本身反应原理、组成结构的原因，也有外部因素造成干扰的原因；监测数据能否用于水质评价，既受采水设施安装位置的影响，也受自然因素的干扰，本书列举了部分数据有效性判定及数据参评判定的典型案例，以供参考。

　　本书由刘允、陈亚男、姚志鹏制定编写大纲，统筹全书的编写工作。

第一章"地表水自动监测数据审核典型案例"由刘允、陈鑫等编写，第二章"地表水自动监测数据常见评价问题及典型案例"由陈亚男、沈嘉豪等编写。

全书由中国环境监测总站负责组织编写和审定，适用于国家地表水水质自动监测数据审核相关工作，其他地表水自动监测数据审核相关工作可参考此书。

由于时间仓促，加之水平有限，书中难免会有不足之处，恳请读者批评指正。

目 录

地表水自动监测数据审核典型案例

1

为满足国家地表水环境质量监测管理需求，充分发挥国家地表水环境质量监测网水质自动监测站（以下简称"水站"）的作用，规范国家地表水水质自动监测数据审核与评价工作，确保数据评价质量，编制本书。

国家地表水自动监测数据经国家水质自动综合监管平台（以下简称"平台"）自动预审和人工审核后，为有效数据，可用于国家地表水环境质量评价。数据审核包括自动预审和人工审核，其中，自动预审为平台根据质控测试结果对数据有效性进行自动预判，并利用多元统计分析方法，依据时空关联特征等开展智能审核；人工审核分为三级审核，即数据审核员结合自动预审结果、运维质控情况、水站周边情况、佐证材料等，开展人工审核，最终判定监测数据的有效性。

1　术语与定义

1.1　水质类别

根据《地表水环境质量标准》（GB 3838—2002）规定，依据地表水水域环境功能和保护目标，按功能高低依次划分为五类：

Ⅰ类　主要适用于源头水、国家自然保护区；

Ⅱ类　主要适用于集中式生活饮用水地表水水源地一级保护区、珍稀水生生物栖息地、鱼虾类产卵场、仔稚幼鱼的索饵场等；

Ⅲ类　主要适用于集中式生活饮用水地表水水源地二级保护区、鱼虾类越冬场、洄游通道、水产养殖区等渔业水域及游泳区；

Ⅳ类　主要适用于一般工业用水区及人体非直接接触的娱乐用水区；

Ⅴ类　主要适用于农业用水区及一般景观要求水域。

1.2　有效数据

有效数据是系统正常采样监测时间段获取的经三级审核符合质量要求的水样数据。

1.3 无效数据

无效数据是系统处于维护期间、不满足质控要求的区间、中心平台未获取到、未通过审核的水样数据。

1.4 跨度

跨度是根据监测项目的水质类别要求监测仪器需满足的测量范围。

当监测项目的水质类别为Ⅰ～Ⅱ类时，跨度范围最大值通常采用Ⅱ类水质标准限值的 2 倍；为Ⅲ～Ⅴ类时，跨度范围最大值通常采用水质类别标准限值的 2 倍。

总磷（湖、库）Ⅰ～Ⅲ类水质跨度范围最大值通常为 0.2 mg/L；当监测项目无水质标准限值时，跨度范围最大值为监测项目上一周水质平均值的 2 倍。

1.5 质控措施

质控措施是指为了验证仪器测试准确性而采取的相关措施，包括标样核查、留样复测、原位比对、日质控、周质控、月质控等。

1.5.1 标样核查

标样核查是指使用标准溶液（购买标准溶液或自行配制）对自动监测仪器进行标样核查；标样核查结果以绝对误差或相对误差表示；温度、pH、溶解氧测试结果按绝对误差进行检查。

1.5.2 留样复测

留样复测是指在不同的时间（或合理的时间间隔内），再次对留样器中的同一样品进行高锰酸盐指数、氨氮、总磷及总氮项目检测，通过比较前后两次测定结果的一致性来验证监测数据的准确性和可靠性。

1.5.3 原位比对

原位比对是指在同一时间段内，通过比较自动监测水温、pH、溶解氧、电导率和浊度数据与取水点位置使用便携式仪器测试结果的一致性来验证监测数据的可靠性和稳定性。

1.5.4 日质控

日质控是指每日对高锰酸盐指数、氨氮、总磷及总氮的仪器进行的零点和跨度核查。

1.5.5 零点核查

监测仪器测试浓度为跨度值 0~20% 左右的标准溶液，判断仪器可靠性的措施。

1.5.6 跨度核查

监测仪器测试浓度为跨度值 20%~80% 左右的标准溶液，判断仪器可靠性的措施。

1.5.7 24 小时零点漂移

监测仪器以 24 小时为周期，测试浓度为跨度值 0~20% 左右的标准溶液，仪器指示值在 24 小时前后的变化。具体示例详见图 1-1。

1.5.8 24 小时跨度漂移

监测仪器以 24 小时为周期，测试浓度为跨度值 20%~80% 左右的标准溶液，仪器指示值在 24 小时前后的变化。具体示例详见图 1-1。

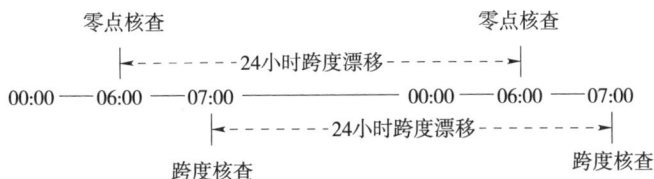

图 1-1 24 小时零点漂移和跨度漂移检测方法示例

1.5.9　周质控

周质控是指每周对 pH、溶解氧、电导率和浊度仪器进行的标准溶液核查，考核仪器准确度是否符合要求。

1.5.10　月质控

月质控是指每月进行的多点线性核查、实际水样比对、集成干预检查及加标回收率自动测试，考核仪器可靠性和稳定性是否符合要求。

1.5.11　多点线性核查

多点线性核查是指水质自动分析仪依次测试均匀覆盖跨度范围内的 4 个浓度的标准溶液，根据测试结果进行线性拟合，用以判断仪器可靠性的措施。

1.5.12　实际水样比对

实际水样比对是指比对实验应与自动监测仪器所分析的水样相同。若仪器需要过滤水样，则比对实验水样可采用相同过滤材料过滤（但不得改变水体中污染物的成分和浓度），并采用分样的方式，将一个样品分装至 2 个或 3 个采样瓶中，分别由自动监测仪器和实验室进行分析。

1.5.13　集成干预检查

系统开始采水时在采水口处人工采集水样，经预处理后取上清液摇匀直接经监测仪器测试，与系统自动监测的结果进行比对，用于检查系统集成对水样代表性的影响。

1.5.14　加标回收率自动测试

加标回收率自动测试是指每种水样按照以下检测方法进行加标回收率测试：仪器进行一次实际水样测定后，对同一样品加入一定量的标准溶液，仪器测试加标回收率，然后再测试一次样品，以加标前后水样的测定值计算回收率，以加标前后 2 次样品测定值计算仪器相对偏差。

2　数据审核概况

2.1　数据审核员职责

2.1.1　自动监测数据

一级数据审核员：每日按时完成前一日监测数据的审核与异常数据的核实。针对数据异常突变的情况及时响应，开展现场排查及标液核查、水样比对等相关质控措施进行核实，并通过平台提交佐证材料。

二级数据审核员：每日按时完成前一日监测数据的审核，对存疑数据进行标记，并通过平台提交佐证材料。针对异常数据开展现场排查，主要包括采水口周边及上下游实地踏勘，并通过平台提交佐证材料。

三级数据审核员：每日结合一级审核和二级审核的结果，按时完成前一日监测数据的审核，并对一二级提交的佐证材料进行核实；按规定对异常数据进行认定及处置。每月 1 日完成前一月监测数据的终审及入库。

2.1.2　人工补测数据

一级数据审核员：自动仪器补测数据和便携式仪器补测数据须在当日测试完成后录入平台；实验室补测数据须及时录入平台并审核确认；次月 1 日完成所有补测数据的录入与审核。

三级数据审核员：每月及时关注补测数据，对一级数据审核员审核后的数据进行复核，做到"应审尽审"。根据材料完整性、数据录入准确性、质控完整性要求判定补测数据的有效性，次月 1 日完成所有补测数据的审核。

2.2　监测数据影响因素

监测数据能够反映被测水体受到自然或人为扰动的情况，为保障监测数据的真实性和准确性，需对造成数据波动的影响因素加以判定。地表水自动监测的准确性受自然因素、人为因素、仪器运行情况、水站集成系统等影响。

2.2.1 自然因素

自然因素主要包括气候、潮汐和藻类等影响。气候影响主要包括降水、台风、洪水、干旱、降雪、冰封等，这些影响可能会造成监测数据波动，其中降水对水质影响最为常见，不同仪器对不同浊度的抗干扰能力不同，需结合"一站一策"来判断数据是否能够反映水体的真实情况；风浪、冰封等引起水体流动性和流向变化，从而影响水体中污染物的分布及浓度大小，影响监测数据。此外，感潮水体因受潮汐影响流向、流量等发生周期性变化，藻类因季节性爆发等复杂因素也将引起水质变化，审核数据时应结合现场情况及相关仪器质控措施结果进行综合判断。

2.2.2 人为因素

自然水体的存在因其特殊性，会受到周边人为活动影响，包括闸控开关、河道施工、农田施肥、污水处理厂排放、污染泄漏事故等，导致水体中污染物的转移、聚集及扩散等过程，对数据影响较大，审核过程中发现数据异常后应第一时间开展现场核实，采取相关质控措施，综合判断数据是否可以反映水体的真实情况，进而判断数据有效性。

2.2.3 仪器运行情况

仪器运行情况是数据准确性的直接影响因素，需要定期对仪器进行维护，在运行维护过程中，校准仪器和更换关键部件等操作可能会导致仪器不稳定，数据出现明显变化等异常情况，此类数据不能真实反映水体水质情况，应立即重新调试仪器。

2.2.4 水站集成系统

水站集成系统如采水位置、采水管路、预处理方式的差异等也会对数据产生影响，审核数据时应按照《地表水水质自动监测站选址与基础设施建设技术要求》的要求进行判定。

由于水体会受各种不确定因素的影响，因此数据审核工作具有复杂性。当数据出现异常时，应结合现场排查情况、水站运行情况、质控结果等对数据有效性进行综合研判。

3 典型案例

3.1 自然因素影响

3.1.1 气候等因素影响

雨、雪等气候变化会对地表水水质产生明显影响。降水是地表水资源的主要补给来源，同时可将地表污染物冲刷进入河道，降水量的变化会影响面源污染，例如暴雨对减少河流低流量期的污染有明显作用，在一次洪水过程中，洪水起涨阶段，随着水量的增加，洪水中携带污染物的浓度递增，当水量达到峰顶时，污染物浓度较起涨中变小，随着水量减小，污染物浓度也在减小，水质整体趋于好转；当河流在畅流期时，面源污染会伴随降水形成的地表径流大量进入河道中，从而引起河道水质的污染；而当河流结冰后，面源污染入河量很小，对河道内水质的影响非常有限，此时河道水质主要受各工业及市政点源排污的影响，点源排污的复杂性和成分多样性，使得冰封河流污染亦呈现出多样性特征。

3.1.1.1 降水影响

案例一

该水站位于西南诸河，为固定站。2021 年 7 月高锰酸盐指数在 Ⅰ～劣 Ⅴ 类波动，氨氮在 Ⅰ～Ⅴ 类波动，总磷在 Ⅱ～劣 Ⅴ 类波动，浊度在 27.0～1 930.9 NTU 波动。

当月存在多场降雨，河流水位明显上升，水体浑浊呈黄褐色。对高锰酸盐指数、氨氮、总磷、总氮进行标液核查，标液浓度分别为 15 mg/L、1.5 mg/L、0.3 mg/L、20 mg/L，核查结果为 13.7 mg/L、1.43 mg/L、0.315 mg/L、20.3 mg/L；7 月 18 日对高锰酸盐指数、氨氮、总磷开展留样复测，8 时自动监测数据分别为 16.6 mg/L、1.51 mg/L、0.427 mg/L，留样复测结果分别为 14.4 mg/L、1.47 mg/L、0.412 mg/L。核查及复测结果均满足相关技术要求，判定为数据有效（详见图 1-2 至图 1-8 所示）。

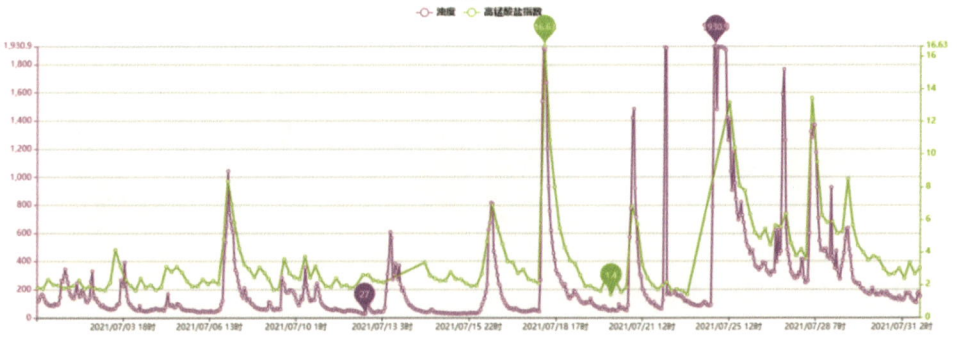

图 1-2　浊度、高锰酸盐指数数据变化趋势

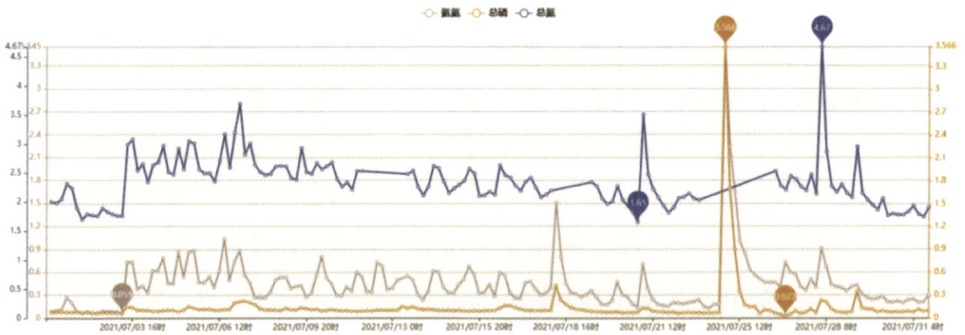

图 1-3　氨氮、总磷和总氮数据变化趋势

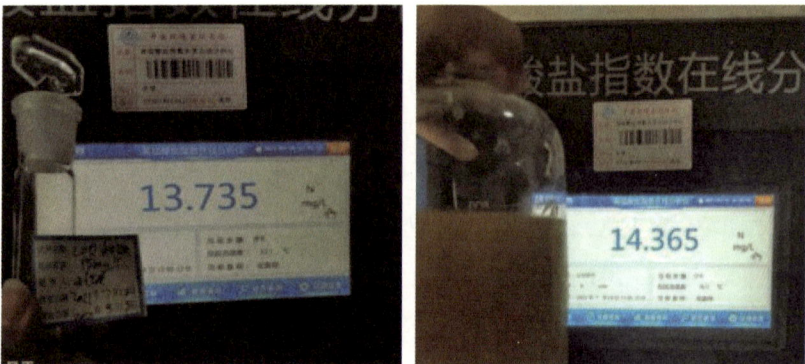

图 1-4　高锰酸盐指数标液核查和留样复测结果

图 1-5　氨氮标液核查和留样复测结果

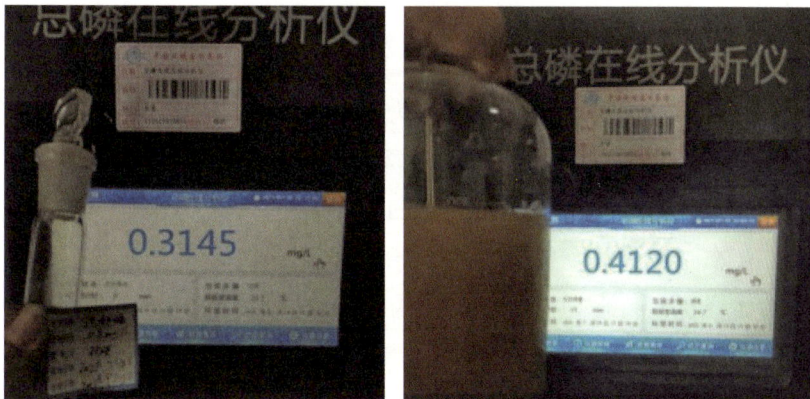

图 1-6　总磷标液核查和留样复测结果

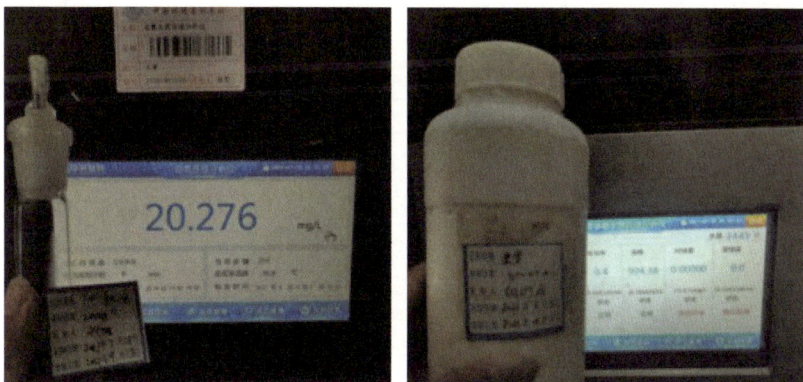

图 1-7　总氮标液核查和留样复测结果

图 1-8　采水口附近情况

案例二

该水站位于浙闽片河流临城河，为固定站，2022 年 1 月，氨氮在 Ⅱ ～ Ⅴ类波动，总磷在 Ⅱ ～ Ⅳ类波动，溶解氧在 Ⅰ ～ Ⅳ类波动，电导率在 596～1 903 μS/cm 波动，浊度在 14.2～55.8 NTU 波动。

当月存在连续降雨，且水站上游开闸放水。在沉砂池对 28 日 15 时溶解氧开展水样比对，自动监测数据为 4.10 mg/L，比对结果为 4.52 mg/L；对 28 日 16 时氨氮进行留样复测，自动监测数据为 1.640 mg/L，复测结果为 1.520 mg/L，比对和复测结果均满足相关技术要求，判定为数据有效（详见图 1-9 至图 1-14 所示）。

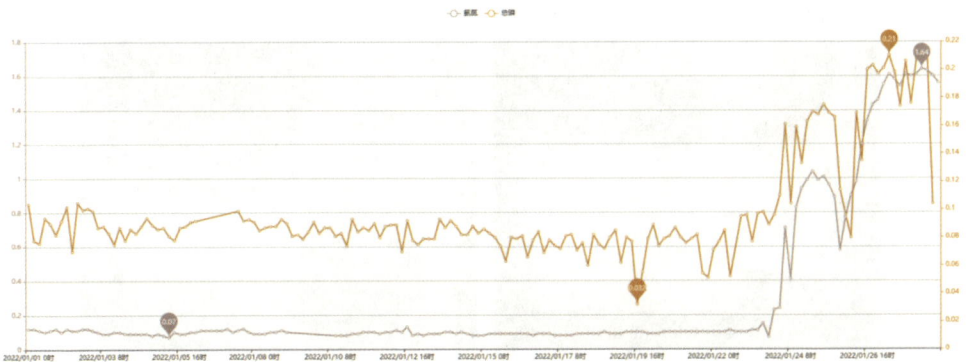

图 1-9　氨氮、总磷数据变化趋势

图 1-10 溶解氧、电导率数据变化趋势

图 1-11 总磷留样复测结果

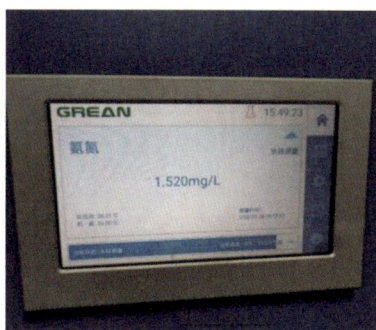

图 1-12 氨氮留样复测结果

图 1-13 溶解氧便携式比对结果

图 1-14 采水口附近情况

案例三

该水站位于长江流域，为固定站。2022 年 5 月 9—16 日，总磷在Ⅲ～劣Ⅴ类波动，高锰酸盐指数在Ⅲ～劣Ⅴ类波动，氨氮在Ⅰ～Ⅳ类波动。

当月存在连续降雨，河流水位明显上升。对高锰酸盐指数、氨氮、总磷分别进行标液核查，标液浓度为 14 mg/L、1.2 mg/L、0.8 mg/L，核查结果为 13.8 mg/L、1.26 mg/L、0.814 mg/L；对 5 月 9 日 12 时、10 日 16 时 高 锰 酸 盐指数、氨氮、总磷水样进行复测，自动监测结果为 13.8 mg/L、0.54 mg/L、0.256 mg/L，留样复测结果分别为 12.7 mg/L、0.44 mg/L、0.281 mg/L。核查及复测结果均满足相关技术要求，判定为数据有效（详见图 1-15 至图 1-20 所示）。

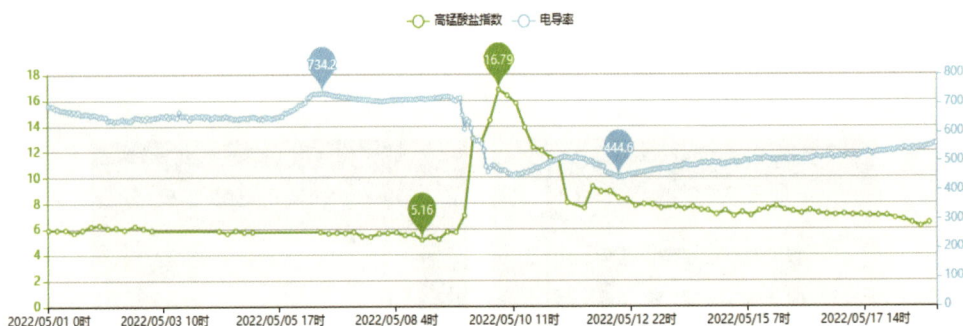

图 1-15　电导率、高锰酸盐指数数据变化趋势

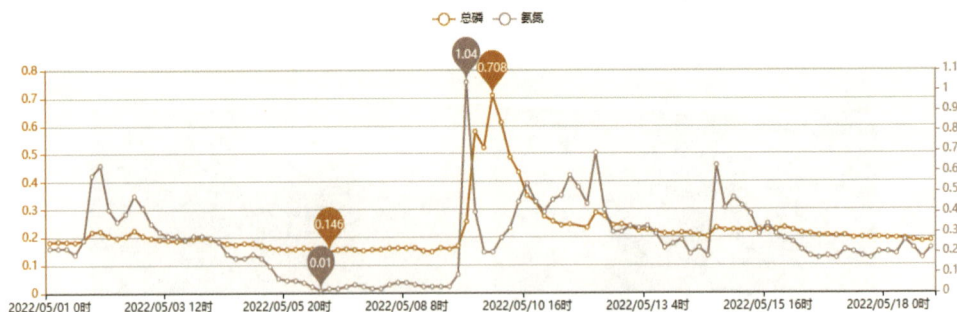

图 1-16　总磷、氨氮数据变化趋势

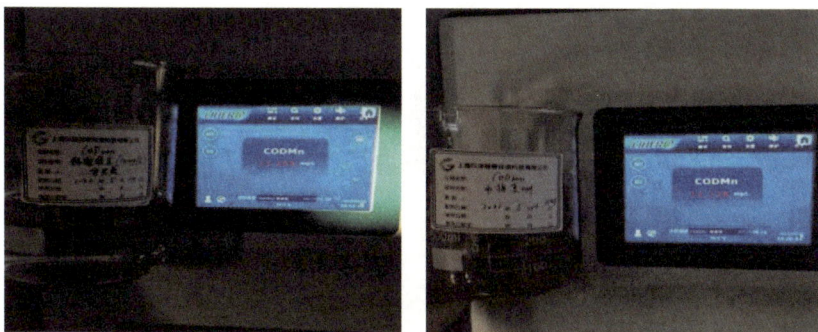

图 1-17　高锰酸盐指数标液核查和水样复测结果

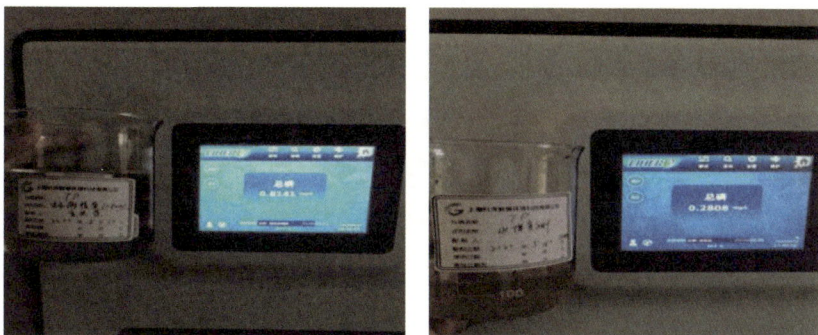

图 1-18　总磷标液核查和水样复测结果

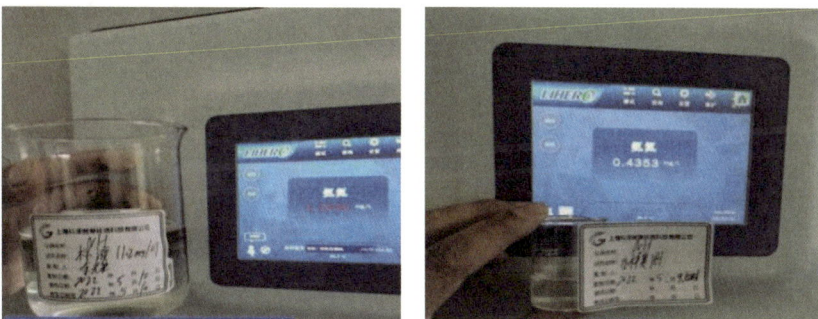

图 1-19　氨氮标液核查和水样复测结果

图 1-20　采水口附近情况

案例四

该水站位于长江流域，为固定站。2022 年 5 月 5—16 日，总磷在Ⅰ～Ⅲ类波动，高锰酸盐指数在Ⅱ～Ⅲ类波动。

采水口上游连降暴雨，水体较浑浊。对高锰酸盐指数、总磷进行标液核查，标液浓度为 4.7 mg/L、0.2 mg/L，结果为 4.8 mg/L、0.201 mg/L；5 月 16 日 16 时自动监测结果为 7.3 mg/L、0.204 mg/L，留样复测结果为 7.1 mg/L、0.203 mg/L，核查及复测结果均满足相关技术要求，判定为数据有效（详见图 1-21 至图 1-24 所示）。

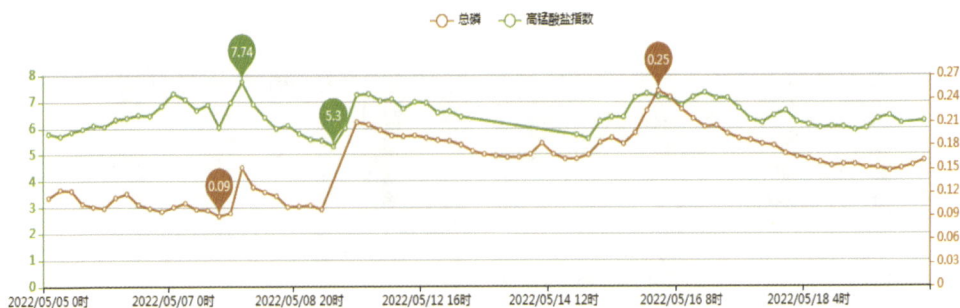

图 1-21　总磷、高锰酸盐指数数据变化趋势

图 1-22 电导率、浊度数据变化趋势

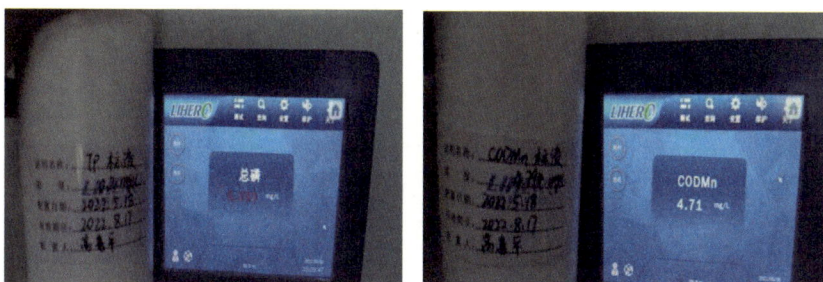

图 1-23 总磷、高锰酸盐指数标液核查结果

图 1-24 采水口附近情况

案例五

该水站位于长江流域，为固定站。2022 年 5 月 22—23 日，总磷在 Ⅱ～劣 Ⅴ 类波动。

当月有降雨，水体浑浊，水体流速较快。对总磷进行标液核查（对总磷进行 3.5 mg/L 浓度的标液核查，结果为 3.462 mg/L），核查结果满足相关技术要求，判定为数据有效（详见图 1-25 至图 1-28 所示）。

图 1-25　总磷、电导率数据变化趋势

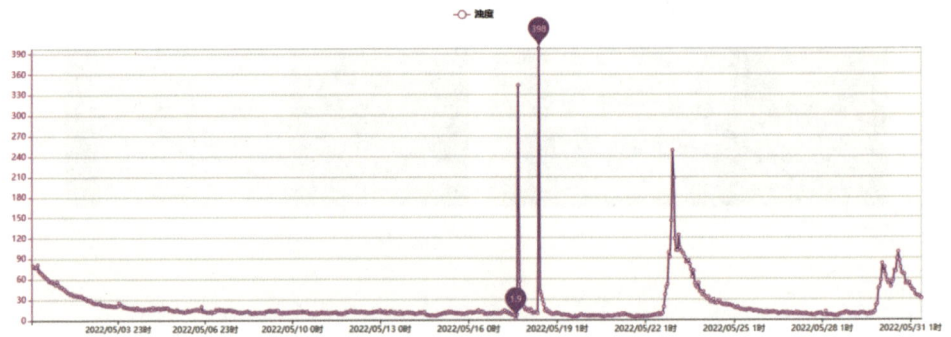

图 1-26　浊度数据变化趋势

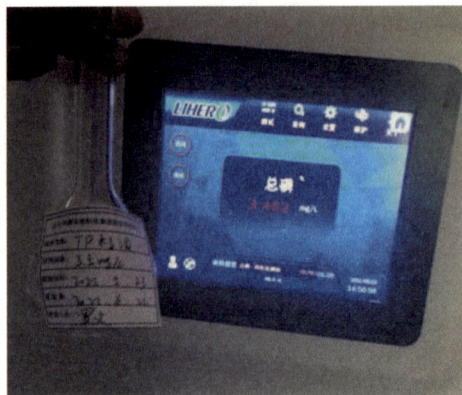

图 1-27　总磷标液核查结果

图 1-28 采水口附近情况

案例六

该水站位于长江流域，为固定站。2022 年 4 月 26—5 月 6 日，氨氮在Ⅱ～劣Ⅴ类波动，总磷在Ⅲ～Ⅴ类波动。

当月有降雨，水体浑浊。对氨氮、总磷进行标液核查，标液浓度分别为 4 mg/L、0.3 mg/L，核查结果为 4.11 mg/L、0.309 mg/L；4 月 27 日 8 时对氨氮、总磷开展留样复测，自动监测数据分别为 3.68 mg/L、0.330 mg/L，复测结果分别为 3.82 mg/L、0.372 mg/L。核查和复测结果均满足相关技术要求，判定为数据有效（详见图 1-29 至图 1-33 所示）。

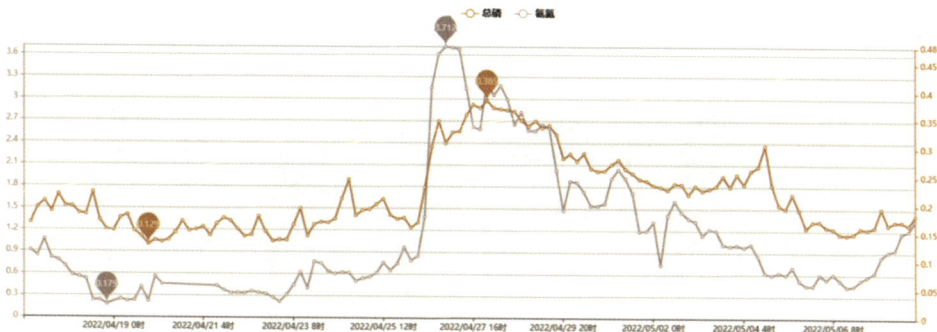

图 1-29 总磷、氨氮数据变化趋势

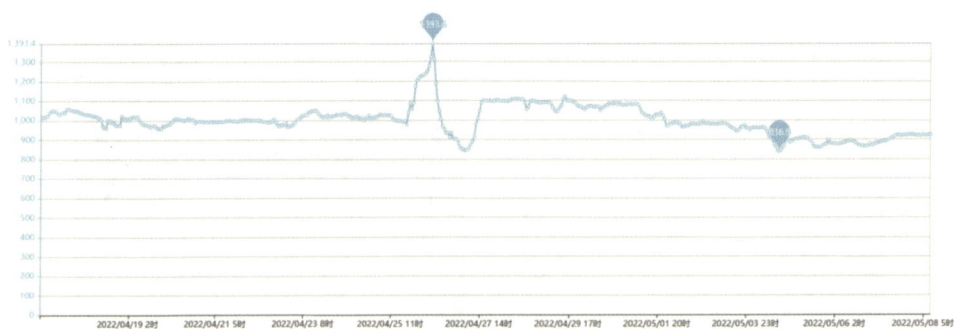

图 1-30　电导率数据变化趋势

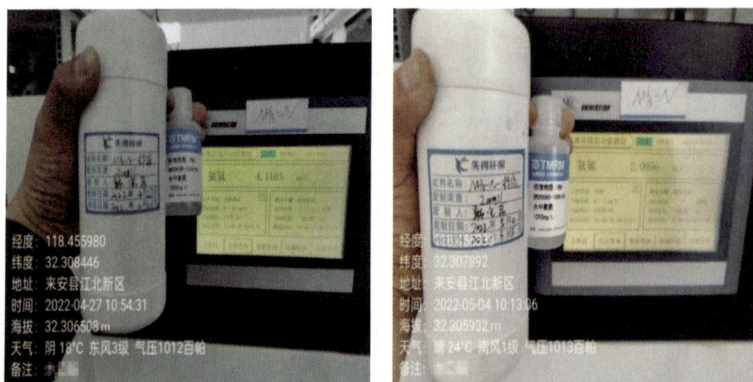

图 1-31　氨氮标液核查结果

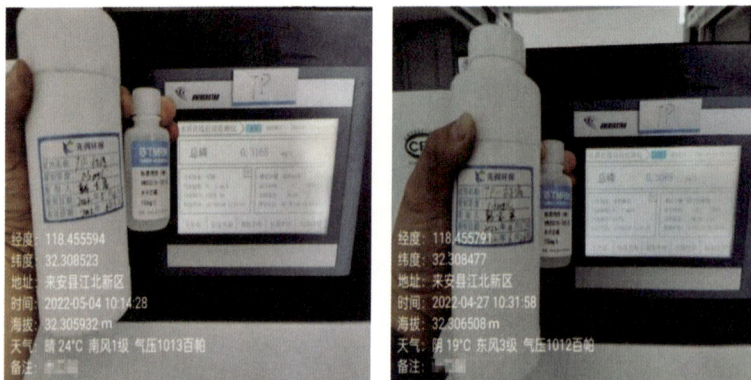

图 1-32　总磷标液核查结果

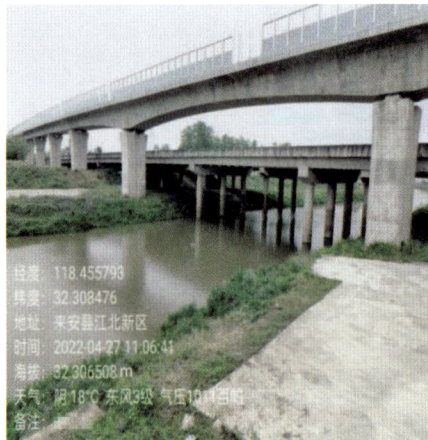

图 1-33　采水口附近情况

案例七

该水站位于长江流域，为固定站，2022 年 5 月 9—12 日，总磷在 Ⅲ ～ 劣 Ⅴ 类波动。

当月存在降雨，水体较浑浊。对总磷进行标液核查，标液浓度为 0.8 mg/L，核查结果为 0.794 mg/L；12 日 0 时对总磷开展留样复测，自动监测数据为 0.882 mg/L，留样复测结果为 0.744 mg/L。核查和复测结果均满足相关技术要求，判定为数据有效（详见图 1-34 至图 1-36 所示）。

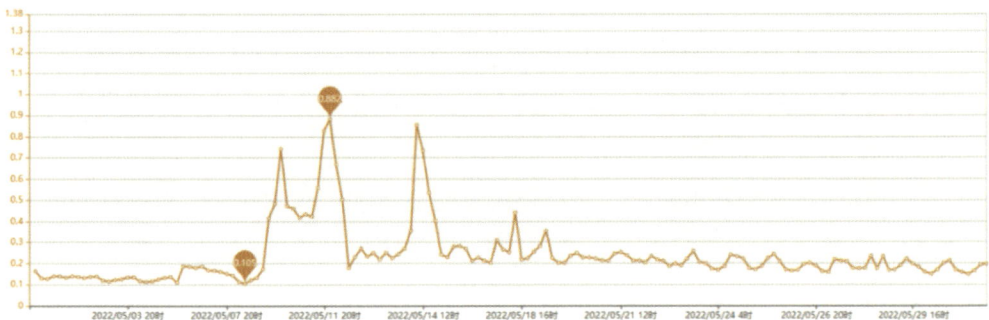

图 1-34　总磷数据变化趋势

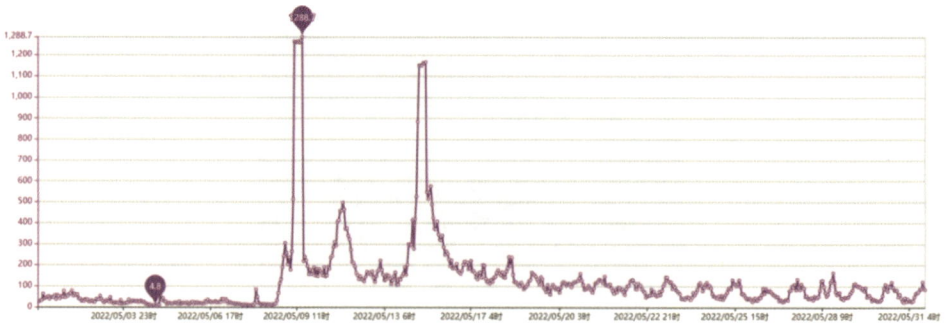

图 1-35 浊度数据变化趋势

图 1-36 采水口附近情况

案例八

该水站位于黄河流域，为固定站，2021 年 10 月 1 日起四参数及浊度同步升高，高锰酸盐指数在 Ⅰ～Ⅳ 类波动，总磷在 Ⅱ～劣 Ⅴ 类波动，电导率由 768.6 μS/cm 下降至 421.9 μS/cm。

当月存在汛期暴雨情况，河流径流量明显增加，水体浑浊。对高锰酸盐指数、总磷进行标液核查，标液浓度分别为 10.5 mg/L、1 mg/L，核查结果为 10.1 mg/L、1 mg/L。核查结果满足相关技术要求，判定为数据有效（详见图 1-37 至图 1-40 所示）。

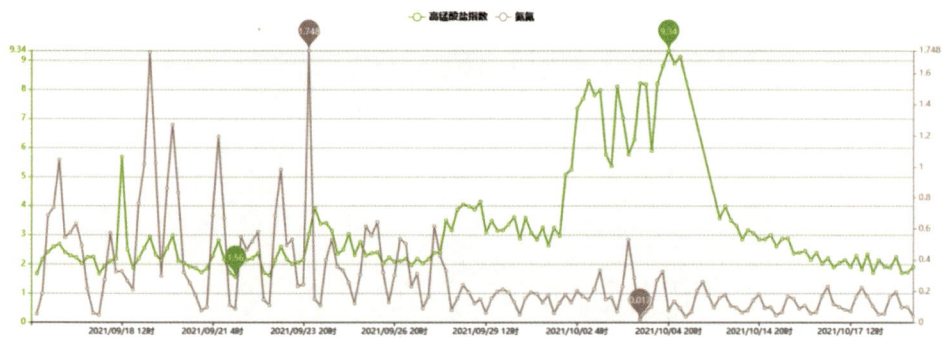

图 1-37　高锰酸盐指数、氨氮数据变化趋势

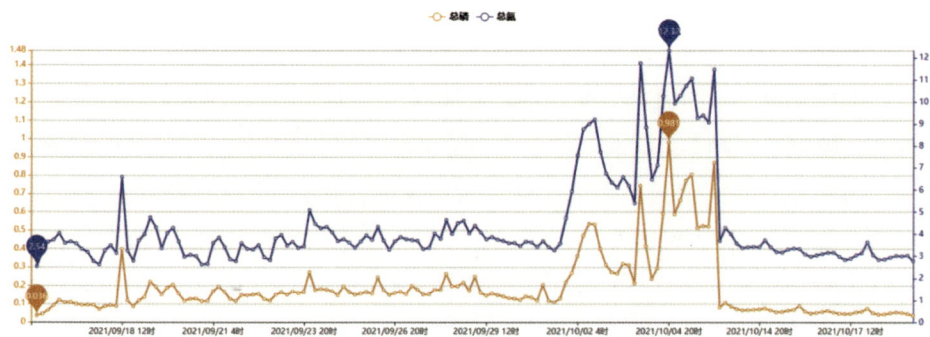

图 1-38　总磷、总氮数据变化趋势

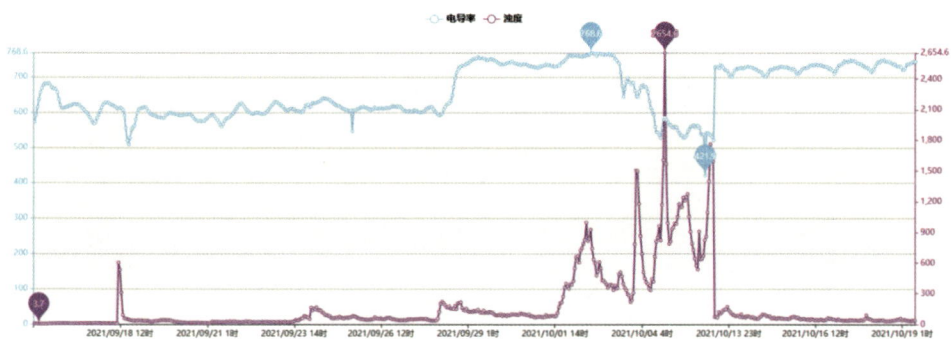

图 1-39　电导率、浊度数据变化趋势

图 1-40　采水口附近情况

案例九

该水站位于辽河流域，为固定站，2022 年 9 月 17 日起四参数及浊度同步升高，电导率下降。

当月存在暴雨情况，水体浑浊。对高锰酸盐指数进行标液核查，标液浓度为 15 mg/L，核查结果为 16.4 mg/L；对 17 日 12 时高锰酸盐指数开展留样复测，自动监测数据为 14 mg/L，复测结果为 14.9 mg/L。结果均满足相关技术要求，判定为数据有效（详见图 1-41 至图 1-43 所示）。

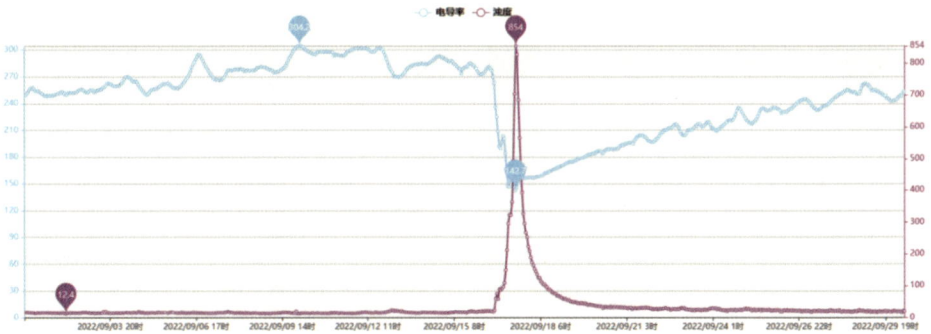

图 1-41　电导率、浊度数据变化趋势

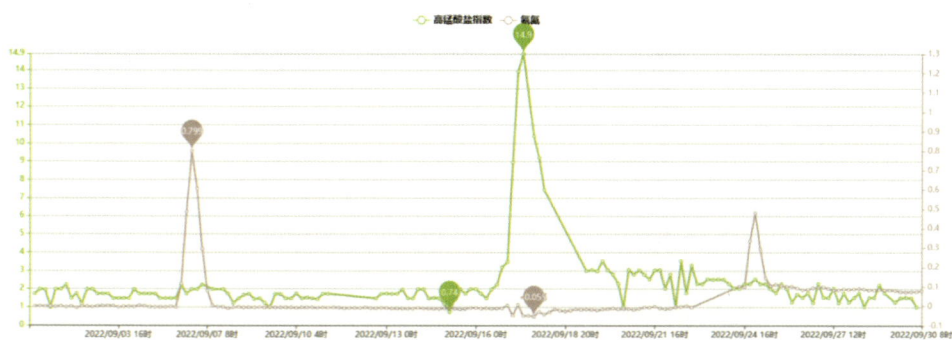

图 1-42　高锰酸盐指数、氨氮数据变化趋势

图 1-43　采水口附近情况

案例十

该水站位于海河流域，为固定站，2022 年 9 月 9 日起四参数及浊度同步升高，氨氮在 I ～劣 V 类波动。

当月存在暴雨情况，河流径流量明显增加，水体浑浊。对氨氮进行标液核查，标液浓度为 5 mg/L，核查结果为 4.61 mg/L；对 9 月 9 日 20 时氨氮开展留样复测，自动监测数据为 5.93 mg/L，复测结果为 6.247 mg/L。结果均满足相关技术要求，判定为数据有效（详见图 1-44 至图 1-47 所示）。

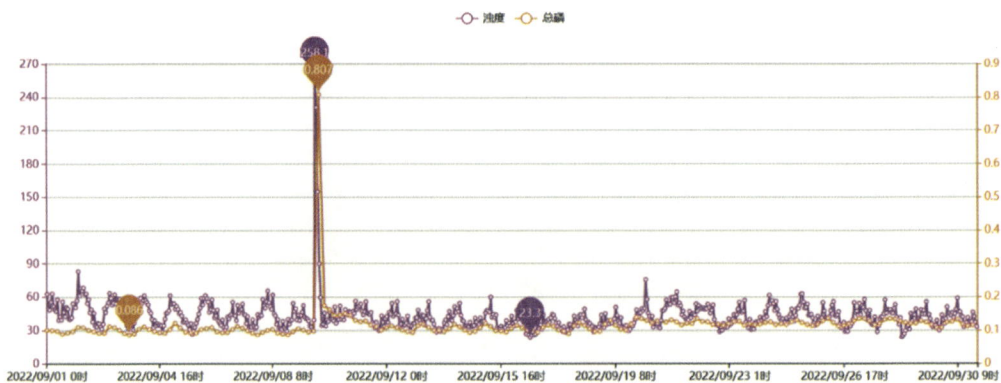

图 1-44　浊度、总磷数据变化趋势

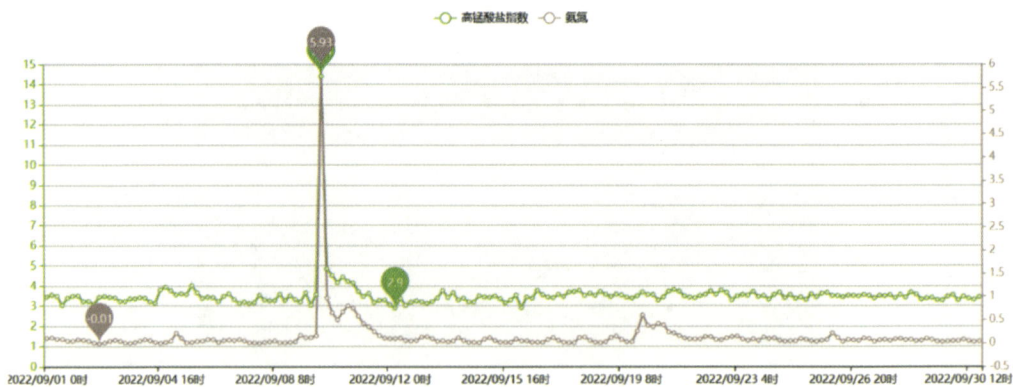

图 1-45　高锰酸盐指数、氨氮数据变化趋势

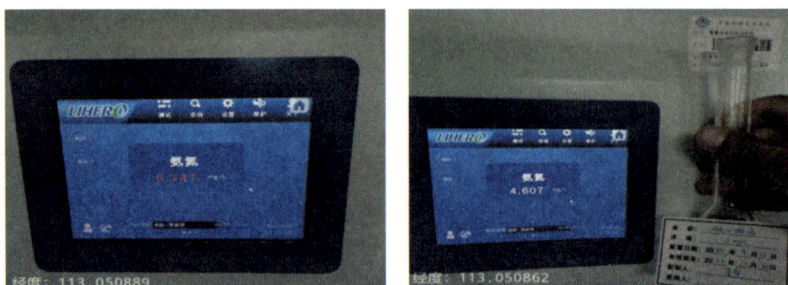

图 1-46　现场水样复测及标液核查结果

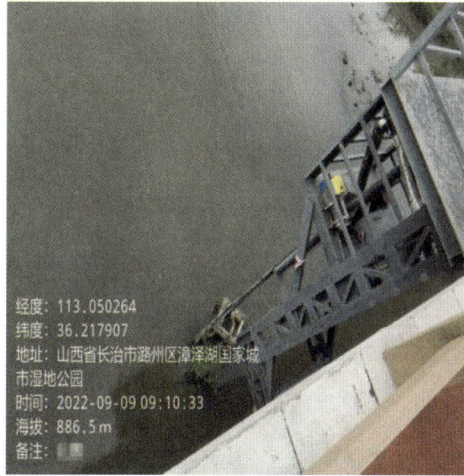

图 1-47　采水口附近情况

案例十一

该水站位于珠江流域，为固定站，2022 年 9 月 25 日起总磷升高。

当月存在暴雨情况。对总磷进行标液核查，标液浓度为 2 mg/L，核查结果为 2.027 mg/L；9 月 25 日 0 时对总磷开展留样复测，自动监测数据为 2.083 mg/L，复测结果为 1.994 mg/L。结果均满足相关技术要求，判定为数据有效（详见图 1-48 至图 1-50 所示）。

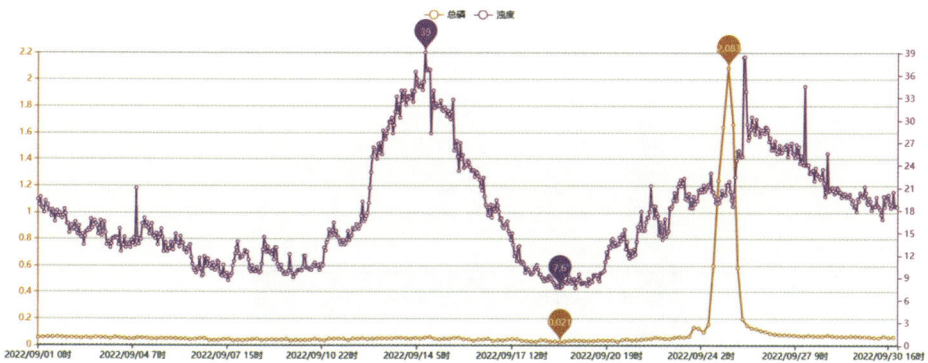

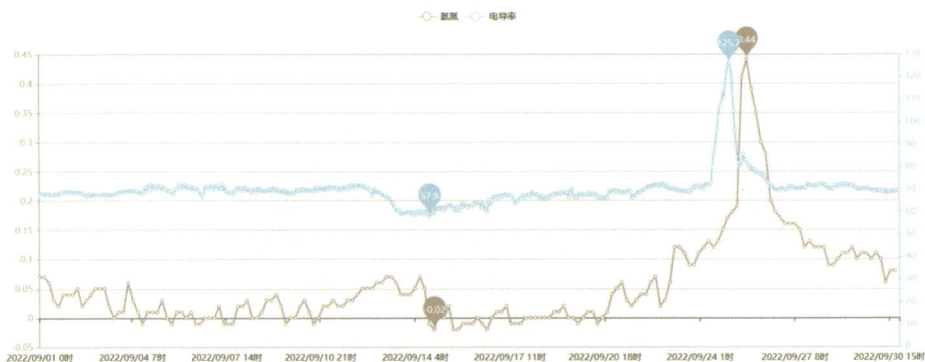

图 1-48　多参数数据变化趋势

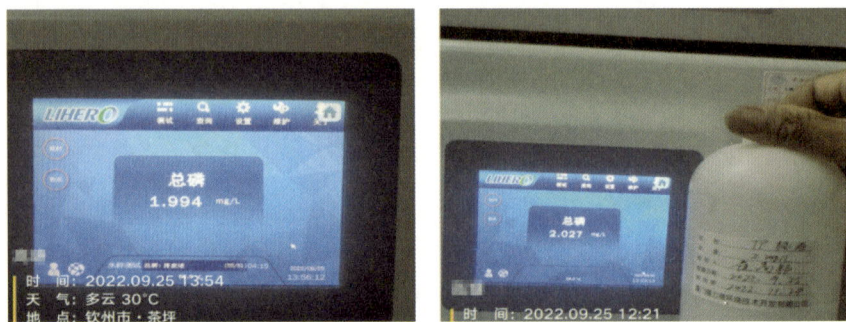

图 1-49　现场留样复测及标液核查结果

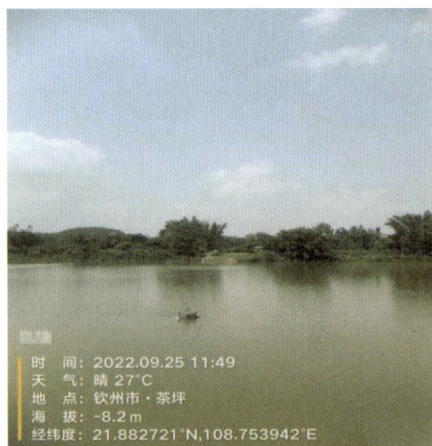

图 1-50　采水口附近情况

案例十二

该水站位于辽河流域，为固定站。2022 年 9 月 15 日起四参数及浊度同步升高。

当月存在降雨，水体浑浊。对总磷进行标液核查，标液浓度为 0.5 mg/L，核查浓度结果为 0.503 mg/L；对 15 日 16 时总磷开展留样复测，自动监测数据为 0.497 mg/L，复测结果为 0.487 mg/L。测试结果均满足相关技术要求，判定为数据有效（详见图 1-51 至图 1-53 所示）。

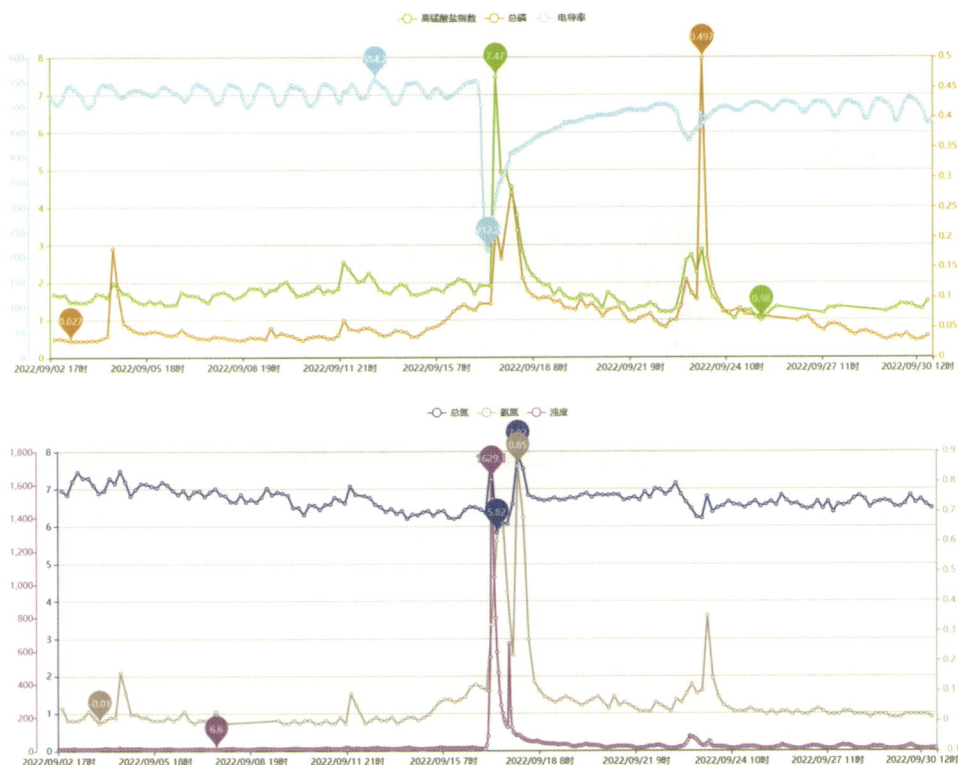

图 1-51　多参数数据变化趋势

图 1-52　现场留样复测及标液核查结果

图 1-53　采水口附近情况

3.1.1.2　风浪影响

案例一

该水站位于长江流域斧头湖，为浮船站。2022 年 1 月 2—17 日，藻密度与叶绿素数据同趋势升高，并且藻密度在 1 月 23 日达到最高值（7 074 601 cells/L），其他参数无明显变化。

月初湖面风浪较大，浮船船体晃动。藻密度与叶绿素进行多点线性核查，线性相关系数分别为 1 和 0.999，符合相关规范，判定设备正常运行，判定为数据有效（详见图 1-54 至图 1-56 所示）。

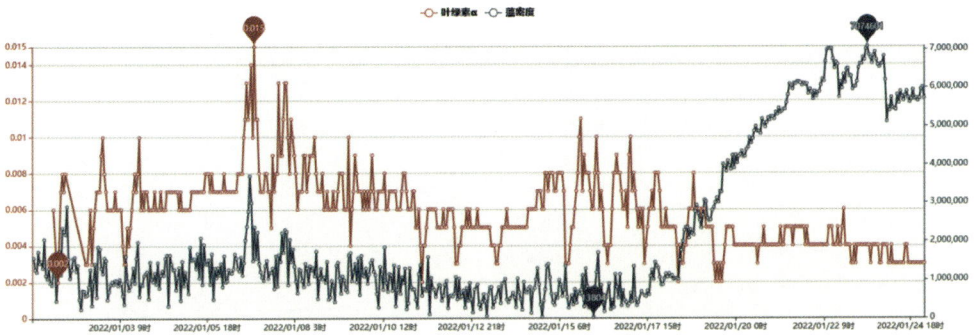

图 1-54　叶绿素与藻密度变化趋势

图 1-55　仪器核查结果

图 1-56　采水口附近情况

案例二

该水站位于滇池流域，为浮船站。2021 年 6 月 1 日起浊度逐渐升高至 190.8 NTU。湖面风浪较大，水体受到搅动，藻类附着在浊度探头表面，6 月 2 日对探头进行清洗维护后，浊度数据明显变小，判定为 1 日 0 时至 2 日 11 时浊度数据无效（详见图 1-57 至图 1-59 所示）。

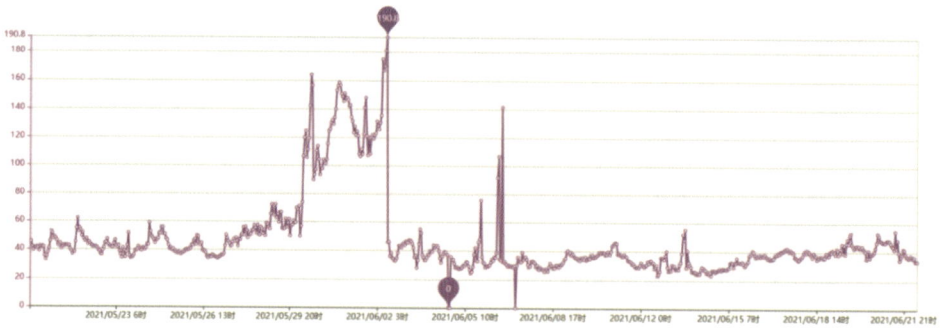

图 1-57　浊度数据变化趋势

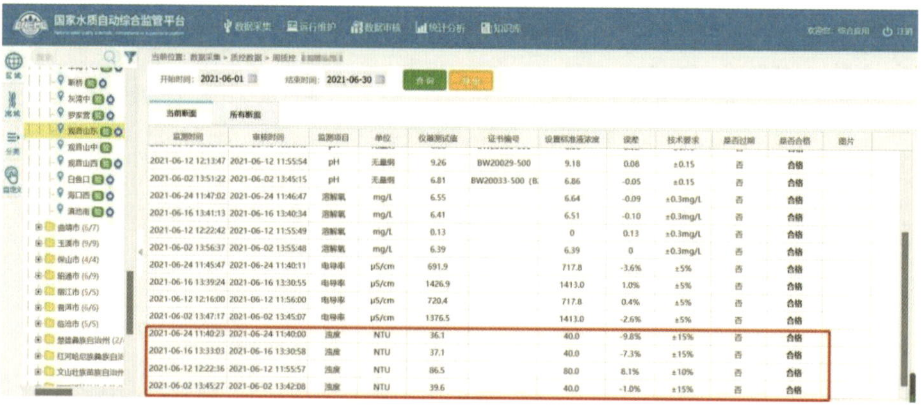

图 1-58　浊度核查结果

图 1-59　采水口附近情况

案例三

该水站位于长江流域，为浮船站。浊度长期为 20～70 NTU，2022 年 11 月 19 日突然升至 118.7 NTU。

采水口水位较低，过往行船使水体受到搅动，行船经过后浊度下降。11 月 23 日对浊度进行标液核查，标液浓度为 400 NTU，核查结果为 382.9 NTU，判定为数据有效（详见图 1-60 至图 1-62 所示）。

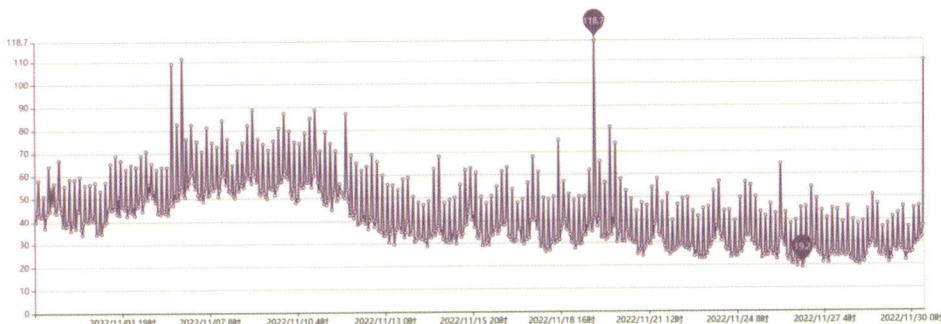

图 1-60　浊度数据变化趋势

图 1-61　浊度核查结果

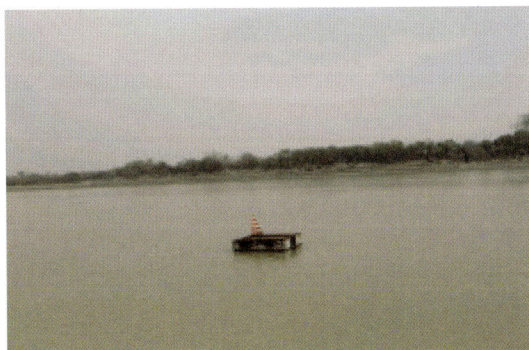

图 1-62　采水口附近情况

案例四

该水站位于珠江流域，为固定站。3 月 15 日 11 时至 23 时浊度有大幅升高趋势，于 15 时达到峰值 244.1 NTU。

水位较低，受风浪影响水体冲刷岸边，浊度波动幅度较大，15 日对浊度进行标液核查，标液浓度为 200 NTU，核查结果为 196.8 NTU，符合相关规范要求，判定数据有效（详见图 1-63 至图 1-65 所示）。

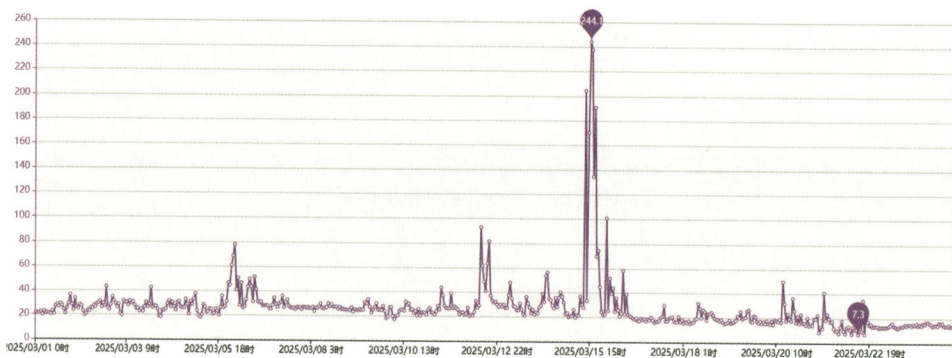

图 1-63　浊度数据变化趋势

监测时间	审核时间	监测项目	单位	仪器测试值	证书编号	设置标准液浓度	误差	技术要求	是否过期	是否合格
2025-03-15 13:33:24	2025-03-15 13:32:05	水温	℃	25.1		25.0	0.1	/	否	/
2025-03-15 14:24:45	2025-03-15 14:20:02	pH	无量纲	9.18	BW20029	9.18	-0.002	±0.15	否	合格
2025-03-15 14:31:40	2025-03-15 14:30:30	溶解氧	mg/L	8.11		8.06	0.05	±0.3mg/L	否	合格
2025-03-15 14:25:23	2025-03-15 14:20:05	电导率	μS/cm	499.2	BW20034	500.0	-0.2%	±5%	否	合格
2025-03-15 14:29:09	2025-03-15 14:19:50	浊度	NTU	196.8	BW20032-200-10(	200.0	-1.6%	±10%	否	合格

图 1-64　浊度标液核查结果

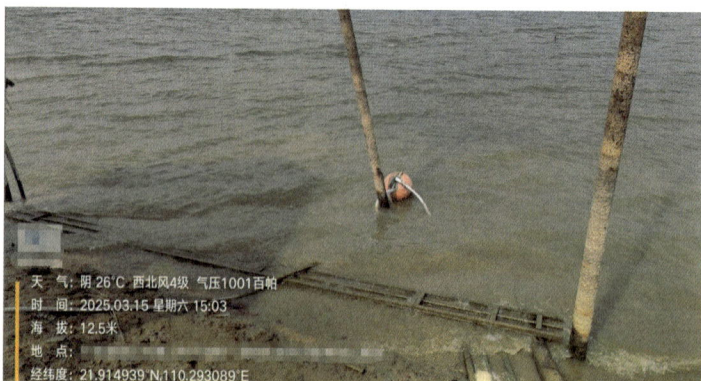

图 1-65　采水口附近情况

案例五

该水站位于海河流域，为固定站。2022 年 10 月 8 日 16 时高锰酸盐指数升至 3.38 mg/L，10 月 9 日 0 时降至 0.71 mg/L，浊度有相反波动趋势，其他参数正常波动。

当晚受大风天气影响，水面风浪较大。当日高锰酸盐指数日质控均合格，且对高锰酸盐指数开展盲样测试，盲样浓度为 5.42 mg/L，盲样测试结果为 4.34 mg/L，测试结果满足相关技术要求，判定为数据有效（详见图 1-66、图 1-67 所示）。

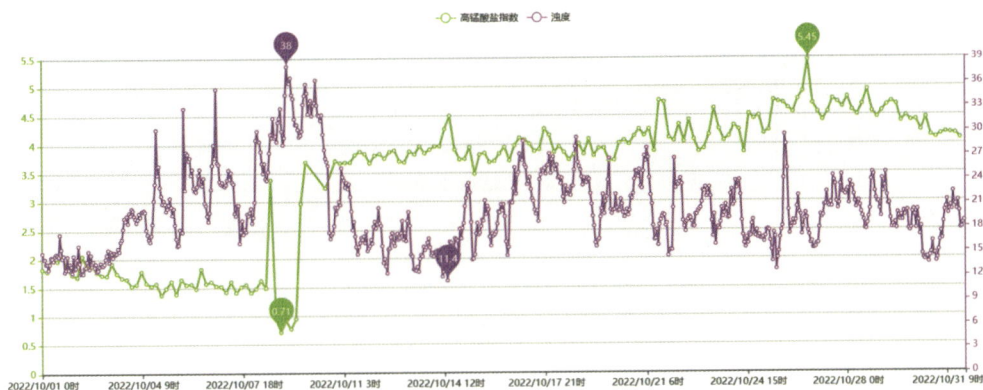

图 1-66　高锰酸盐指数、浊度数据变化趋势

图 1-67　采水口附近情况

3.1.1.3　冰封影响

案例一

该水站位于松花江流域阿察河，为固定站，2021年11月30—12月20日，溶解氧、水温呈下降趋势。

当月河面处于冰封状态，对12月30日12时溶解氧进行水样比对，自动监测结果为6.7 mg/L，便携比对结果为6.6 mg/L。测试结果满足相关技术要求，判定为数据有效（详见图1-68、图1-69所示）。

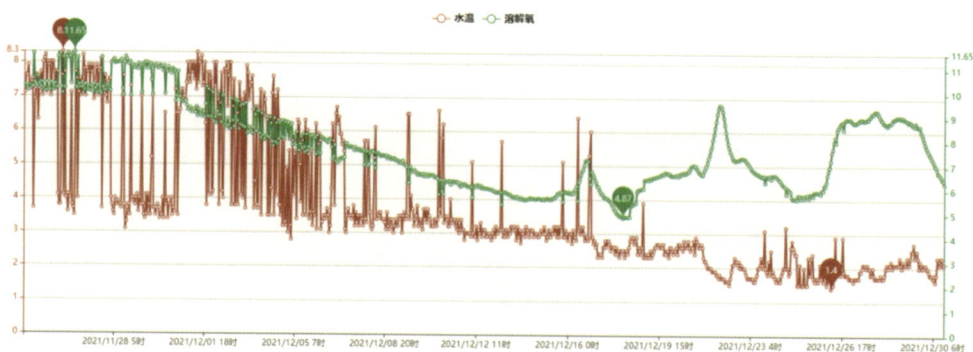

图1-68　水温、溶解氧数据变化趋势

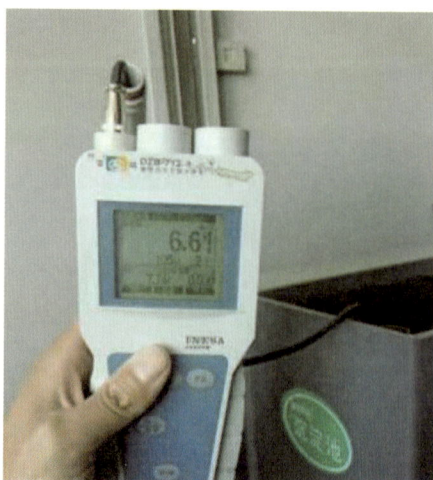

图1-69　溶解氧比对结果

案例二

该水站位于松花江流域，为固定站，2022年2月1日起溶解氧持续降低。

当月气温较低，河面处于冰封状态，冰层厚度约1.0～1.3 m，2月4日和2月10日对溶解氧进行标液核查，标液浓度分别为10.3 mg/L和0 mg/L，核查结果分别为10.0 mg/L和0 mg/L，满足相关技术要求，判定为数据有效（详见图1-70、图1-71所示）。

图1-70　溶解氧数据变化趋势

图1-71　采水口附近情况

案例三

该水站位于松花江流域，为固定站，2022年11月11—14日，高锰酸盐指数、氨氮、总磷同趋势波动。

当月气温升高，冰封河面开始融化，对高锰酸盐指数进行标液核查，标液浓度为 10.0 mg/L，核查结果为 10.0 mg/L，满足相关技术要求，判定为数据有效（详见图 1-72 至图 1-74 所示）。

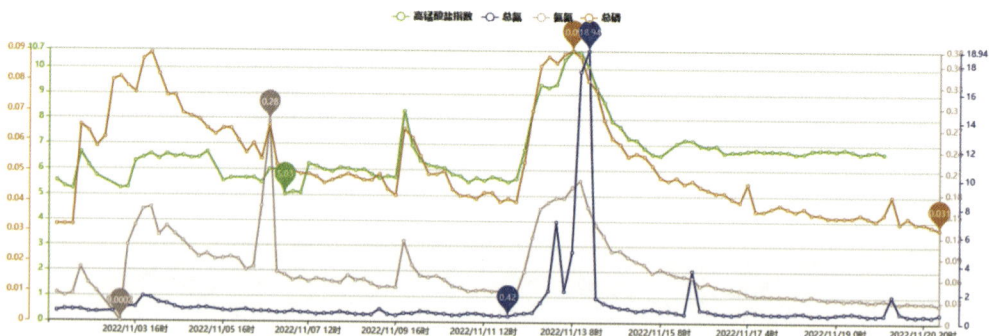

图 1-72　高锰酸盐指数、总氮、氨氮、总磷数据变化趋势

图 1-73　高锰酸盐指数核查结果

图 1-74　采水口附近情况

案例四

该水站位于松花江流域海浪河，为固定站，2022 年 10 月 30—11 月 10 日，高锰酸盐指数、氨氮、总磷同趋势波动。对超标参数进行标液核查和留样复测（氨氮 1.6 mg/L 的浓度标液核查，结果为 1.572 mg/L；对 13 日 12 时氨氮 1.6 mg/L 水样复测，结果为 1.545 mg/L），满足相关技术要求，判定为数据有效（详见图 1-75 至图 1-77 所示）。

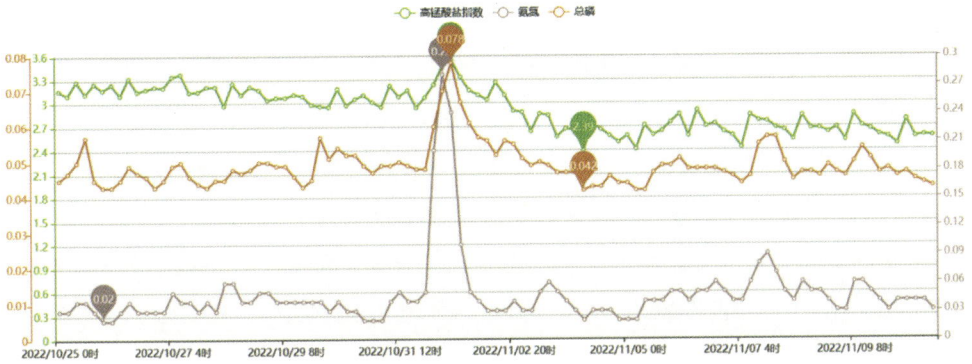

图 1-75　高锰酸盐指数、氨氮、总磷数据变化趋势

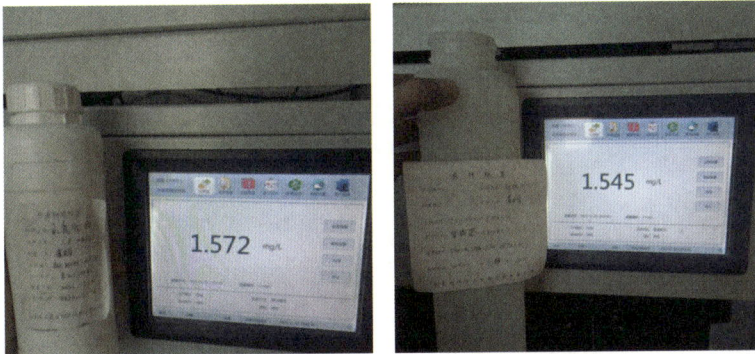

图 1-76　氨氮标液核查结果和留样复测结果

图 1-77　采水口附近情况

案例五

该水站位于海河流域，为固定站，1月8日起，氨氮、总氮、总磷均呈上升趋势。1月22日至1月23日各参数均达到最大值。

河道冰封，部分冰面开化。1月22日8时水样送往实验室检测分析高锰酸盐指数、氨氮、总磷、总氮，自动监测数据分别为7.06 mg/L、7.103 mg/L、0.328 mg/L、12.62 mg/L，实验室分析数据分别为8.4 mg/L、7.7 mg/L、0.28 mg/L、11.2 mg/L，比对结果满足相关要求，判定数据为有效（详见图1-78至图1-80所示）。

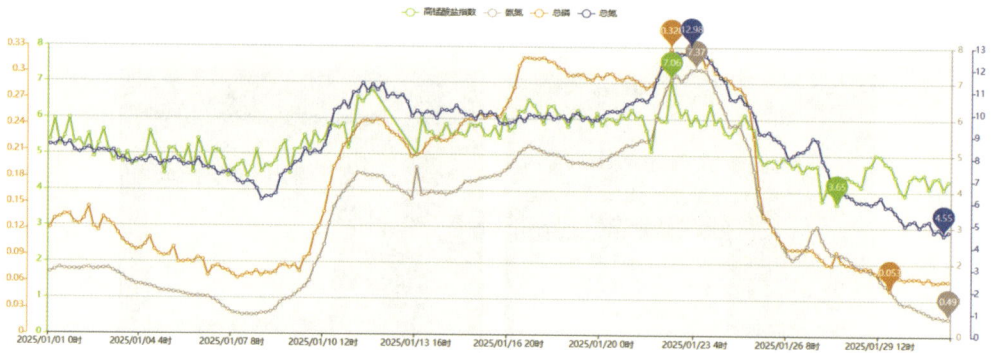

图1-78 高锰酸盐指数、氨氮、总磷、总氮数据变化趋势

监测时间	水温(℃)	pH(无量纲)	溶解氧(mg/L)	电导率(µS/cm)	浊度(NTU)	高锰酸盐指数(mg/L)	氨氮(mg/L)	总磷(mg/L)	总氮(mg/L)
Ⅲ类标准限值		6~9	≥5			6	1	0.2	
2025-01-22 06时	3.0	7.42	8.85	3440.5	10.5				
2025-01-22 07时	3.6	7.42	8.72	3233.1	10.1				
2025-01-22 08时	3.5	7.42	8.66	3314.2	8.7	7.06	7.103	0.328	12.62
2025-01-22 09时	3.4	7.42	8.74						
2025-01-22 10时	3.1	7.41	8.97			高锰酸盐指数	无色、透明、无味	2025.1.24	8.4 mg/L
2025-01-22 11时	3.2	7.42	8.86	地表水	氨氮	无色、透明、无味	2025.1.24	7.70 mg/L	
2025-01-22 12时	3.5	7.42	8.88	LLD2501089003					
2025-01-22 13时	3.8	7.42	8.99		总氮	无色、透明、无味	2025.1.24	11.2 mg/L	
2025-01-22 14时	3.7	7.43	9.24						
2025-01-22 15时	3.7	7.43	9.18	地表水	总磷	无色、透明、无味	2025.1.24	0.28 mg/L	
2025-01-22 16时	3.7	7.43	9.32	LLD2501089006					

图1-79 实验室分析结果

图 1-80　采水口附近情况

3.1.2　潮汐影响

感潮河流水环境质量状况既受上游河段水质的影响，又受不同潮汐条件下河口潮汐周期性变化的影响，因此河流流向、流速和流量经常发生剧烈变化，从而造成水质问题的复杂性。此外，河水或海水的倒灌也会对水环境质量变化产生一定的影响。

案例一

该水站位于海河流域，为固定站，位于渤海入海口。2021 年 12 月 21 日 0 时电导率突然升高，12 月 21 日 3 时达到最高值，为 29 413 μS/cm，同时高锰酸盐指数、氨氮和总磷均升高，溶解氧降低。

当月存在涨潮情况，海水发生倒灌。对高锰酸盐指数进行标液核查，标液浓度为 6 mg/L，核查结果为 6.72 mg/L，满足相关技术要求，判定为数据有效（详见图 1-81 至图 1-84 所示）。

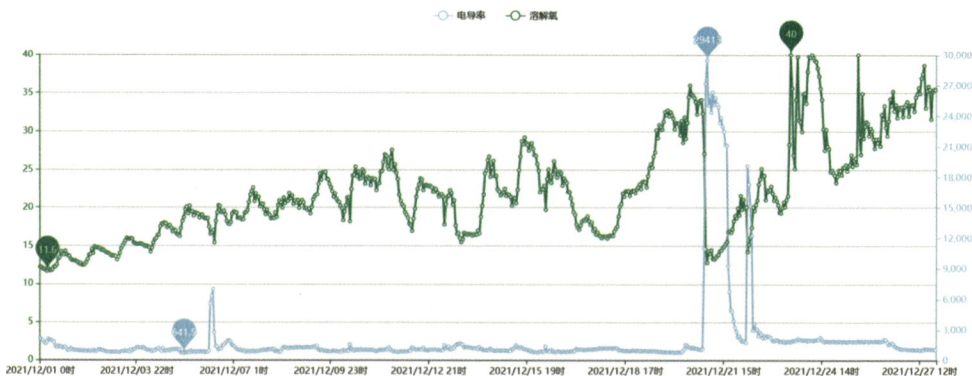

图 1-81 电导率、溶解氧数据变化趋势

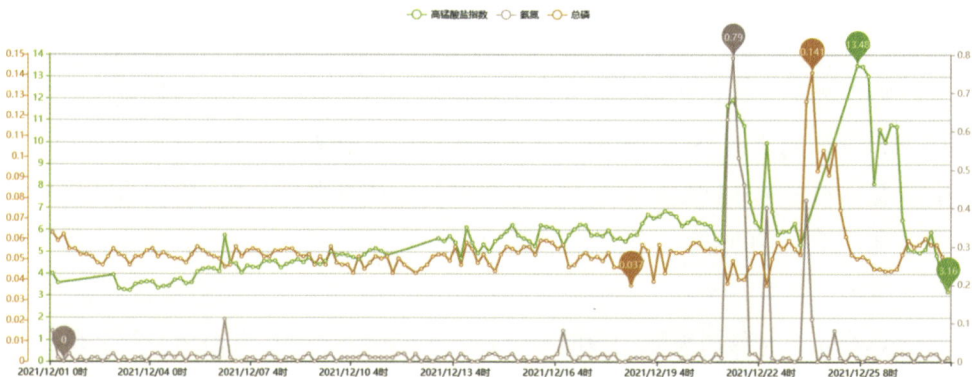

图 1-82 高锰酸盐指数、氨氮、总磷数据变化趋势

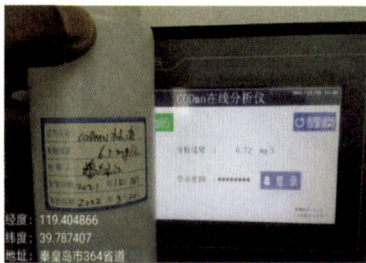

图 1-83 高锰酸盐指数标液核查结果

图 1-84 采水口附近情况

案例二

该水站位于海河流域，为固定站，位于渤海入海口。电导率长期稳定在
38 000 μS/cm 左右，其他参数均正常波动。

水站受海水倒灌影响。12 月 21 日对电导率进行标液核查，标液浓度为
30 000 μS/cm，核查结果为 29 445.8 μS/cm，满足相关技术要求，判定为数据
有效（详见图 1-85、图 1-86 所示）。

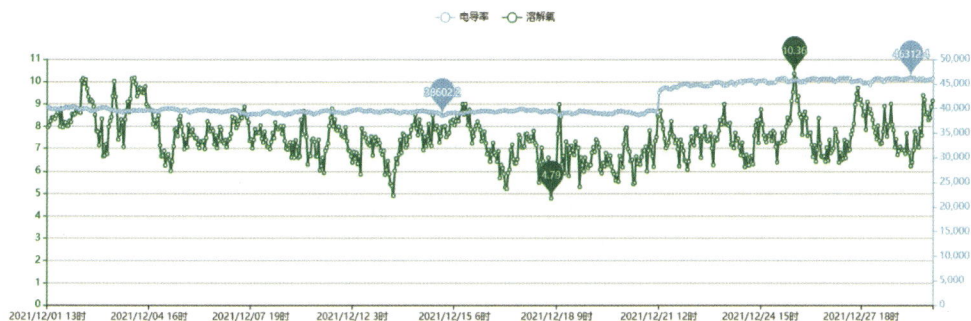

图 1-85 电导率、溶解氧数据变化趋势

图 1-86 采水口附近情况

案例三

该水站位于淮河流域，为固定站，位于东海入海口。2022 年 11 月 8 日
16 时电导率突然升高，11 月 8 日 19 时达到最高值，为 43 417 μS/cm，同时
溶解氧、氨氮、总氮和总磷均升高，高锰酸盐指数降低。

水站受海水倒灌影响，对总氮进行标液核查，标液浓度为 16 mg/L，核查结果为 15.8 mg/L，满足相关技术要求，判定为数据有效（详见图 1-87 至图 1-89 所示）。

图 1-87　电导率、高锰酸盐指数、总氮数据变化趋势

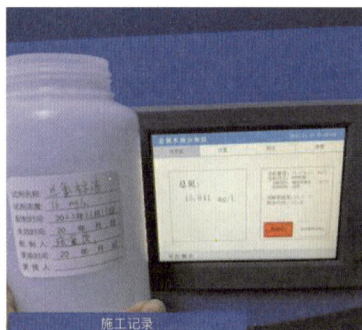

图 1-88　总氮标液核查结果

图 1-89　采水口附近情况

案例四

该水站位于浙闽片河流，为固定站，位于东海入海口。2022 年 11 月 1 日 22 时电导率波动较大，11 月 2 日 14 时达到最高值，为 12 990 μS/cm，同时氨氮和总磷、溶解氧均降低。

水站受海水倒灌影响，对氨氮进行标液核查，标液浓度为 3 mg/L，核查结果为 3.23 mg/L；对 11 月 3 日溶解氧水样数据 4.1 mg/L 进行核查，结果为 3.8 mg/L，满足相关技术要求，判定为数据有效（详见图 1-90 至图 1-94 所示）。

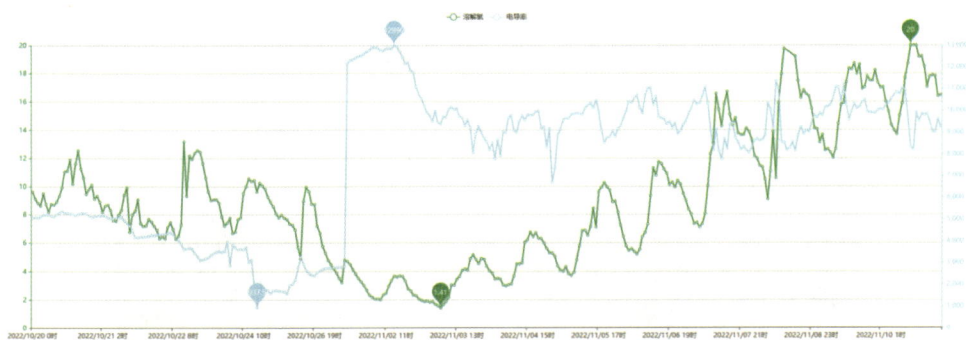

图 1-90　溶解氧、电导率数据变化趋势

图 1-91　氨氮、总磷数据变化趋势

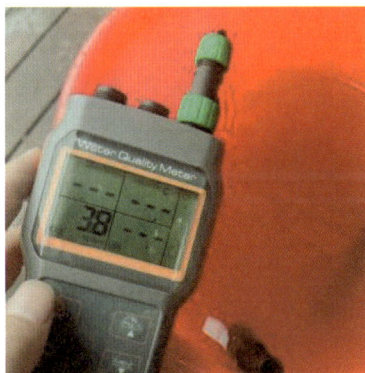

图 1-92　溶解氧核查结果

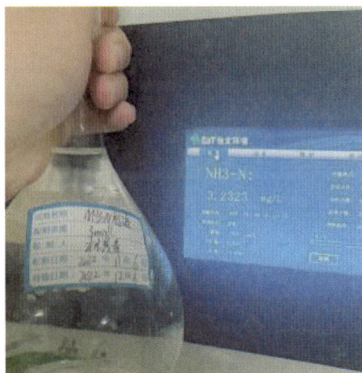

图 1-93　氨氮标液核查结果

图 1-94　采水口附近情况

案例五

该水站位于珠江流域，为固定站，位于南海入海口。自 2022 年 11 月 1 日起，电导率规律性波动，11 月 21 日 23 时达到最高值，为 11 568.6 μS/cm。高锰酸盐指数在Ⅰ～Ⅴ类波动。

水站受海水倒灌影响，对高锰酸盐指数进行复测，11 月 21 日 20 时自动监测数据为 10.4 mg/L，复测结果为 10.1 mg/L。复测满足相关技术要求，判定为数据有效（详见图 1-95 至图 1-97 所示）。

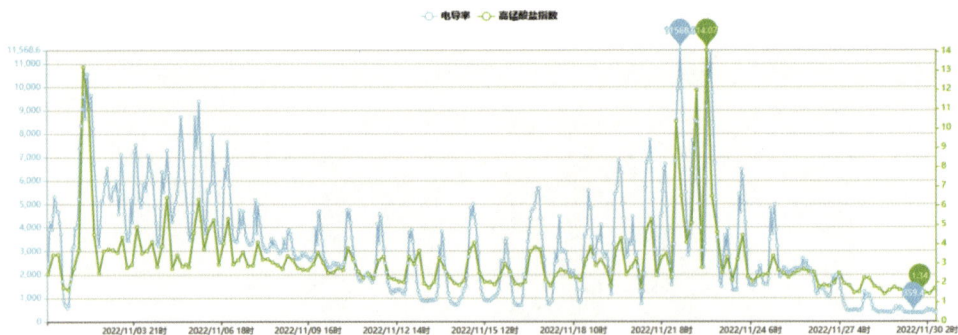

图 1-95　电导率、高锰酸盐指数数据变化趋势

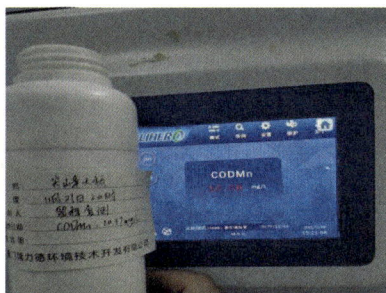

图 1-96　高锰酸盐指数复测结果

图 1-97　采水口附近情况

3.1.3　藻类影响

水生环境中藻类是一种重要的微生物，其存在对维持水生生物之间的生态平衡起着重要的作用，对水质的影响也是不可忽视的。

藻类作为水生态系统的初级生产者，具有个体小、数量多、生命周期短、新陈代谢快等特点，可以利用水体中的氮、磷等营养元素通过自身吸收、光合作用等生命代谢过程合成有机物，在维持水生态系统的物质平衡和能量流动过程中发挥着十分重要的作用。在一定条件下，水中浮游植物或藻类含量的增加导致水体富营养化，会改变藻类生长与 pH 及溶解氧含量的关系，影响地表水的感官性指标，如水色、透明度、味觉等。它们的呼吸及光合作用，还影响地表水中的某些化学平衡，尤其是碳酸盐物种间的化学平衡。

案例一

该水站位于长江流域，为固定站，2021 年 12 月 1—23 日，每日 9 时溶解氧逐渐升高，17 时前后溶解氧逐渐降低。

采水口处藻类较多，白天水中藻类光合作用释放氧气使溶解氧超饱和，夜间藻类呼吸作用消耗水中溶解氧导致溶解氧降低，该情况符合藻类影响变化规律，对 12 月 5 日 15 时水样数据 16.65 mg/L 进行沉砂池比对，结果为 16.20 mg/L，结果满足相关技术要求，判定为数据有效（详见图 1-98、图 1-99 所示）。

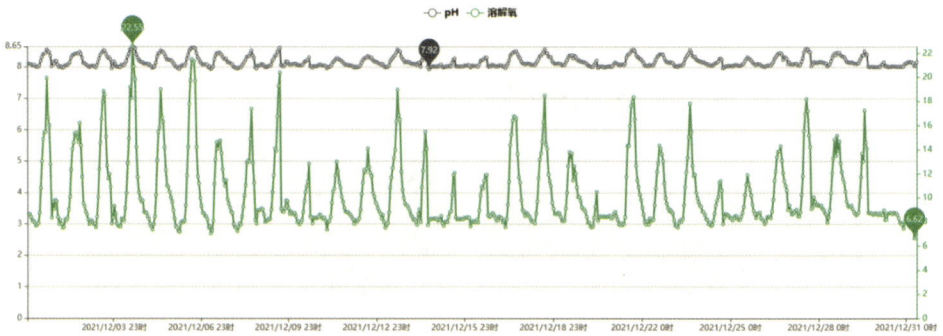

图 1-98　pH、溶解氧数据变化趋势

图 1-99　采水口附近情况

案例二

该水站位于淮河流域，为固定站。2021 年 11 月 1—22 日，每日 8 时溶解氧逐渐升高，16 时左右溶解氧逐渐降低。

采水口处藻类植物较多，对 12 月 24 日 17 时溶解氧进行沉砂池和原位比对，自动监测数据为 11.8 mg/L，沉砂池和原位比对结果分别为 12.2 mg/L 和 11.9 mg/L，结果均满足相关技术要求。该情况符合藻类影响变化规律，判定为数据有效（详见图 1-100、图 1-101 所示）。

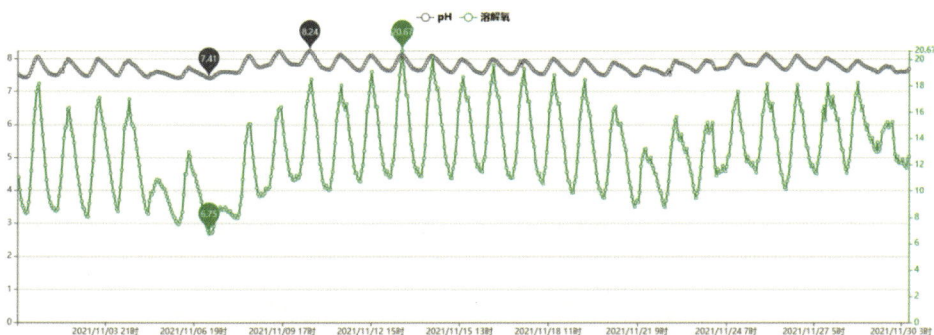

图 1-100　pH、溶解氧数据变化趋势

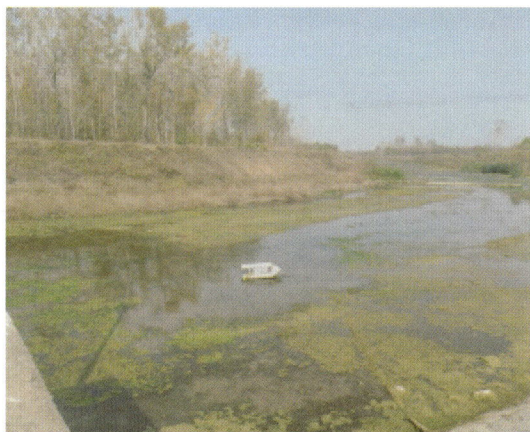

图 1-101　采水口附近情况

案例三

该水站位于巢湖流域，为固定站。2022 年 9 月 8 日、19 日，高锰酸盐指数突然升高至 14.1 mg/L、20.7 mg/L，同时总磷达到 0.534 mg/L、0.318 mg/L。

杭埠河长期干旱，水位下降明显，巢湖水倒灌导致蓝、绿藻爆发。2 次藻类爆发期间对高锰酸盐指数和总磷进行了留样复测，9 月 8 日 12 时自动监测数据分别为 14.1 mg/L 和 0.533 mg/L，留样复测结果分别为 13.3 mg/L 和 0.560 mg/L；9 月 19 日 12 时自动监测数据分别为 12.9 mg/L 和 0.318 mg/L，留样复测结果分别为 12.4 mg/L 和 0.284 mg/L，留样复测结果均满足相关技术要求，判定为数据有效（详见图 1-102 至图 1-104 及表 1-1 所示）。

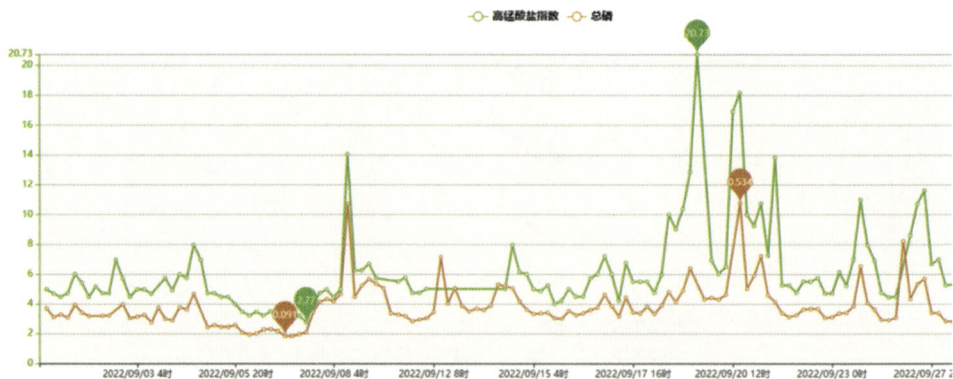

图 1-102　高锰酸盐指数、总磷数据变化趋势

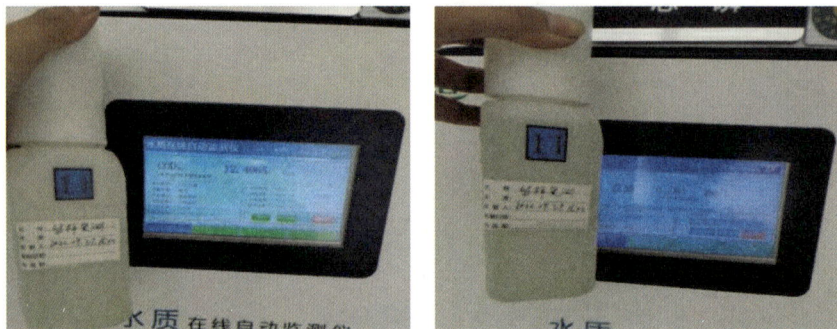

图 1-103　高锰酸盐指数、总磷留样复测结果

图 1-104　采水口附近情况

表 1-1 平台结果与复测结果比对

日期	总磷 /（mg/L）		误差 /%	是否合格	高锰酸盐指数 /（mg/L）		误差 /%	是否合格
9 月 8 日 12 时	水样数据	0.533	-4.82	是	水样数据	14.06	5.71	是
	复测结果	0.56			复测结果	13.3		
9 月 19 日 12 时	水样数据	0.318	11.97	是	水样数据	12.86	3.63	是
	复测结果	0.284			复测结果	12.41		

案例四

该水站位于长江流域，为固定站。2022 年 10 月 7—27 日，高锰酸盐指数逐步升高，在 10 月 13 日 16 时达到最高值 16.69 mg/L。

当月天气炎热，湖中藻类爆发，10 月 18 日对高锰酸盐指数进行标液核查，标液浓度为 18 mg/L，核查结果为 19.1 mg/L，满足相关技术要求，判定为数据有效（详见图 1-105 至图 1-107 所示）。

图 1-105 高锰酸盐指数数据变化趋势

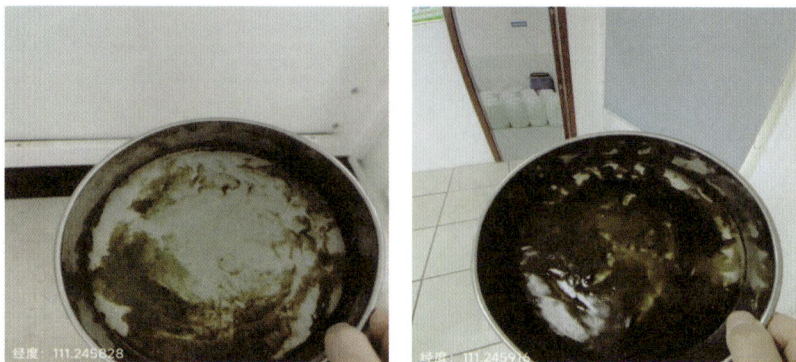

图 1-106　水样过筛结果

图 1-107　采水口附近情况

案例五

该水站位于海河流域，为固定站。2022 年 9 月 27—11 月 2 日，溶解氧大幅波动。

当月水体藻类大面积爆发，9 月 13 日、10 月 14 日和 10 月 20 日对溶解氧进行原位水样比对，原位监测结果分别为 1.01 mg/L、2.97 mg/L、3.96 mg/L，比对结果均满足相关技术要求，判定为数据有效（详见图 1-108 至图 1-110 及表 1-2 所示）。

图 1-108　溶解氧数据变化趋势

图 1-109　溶解氧原位比对结果

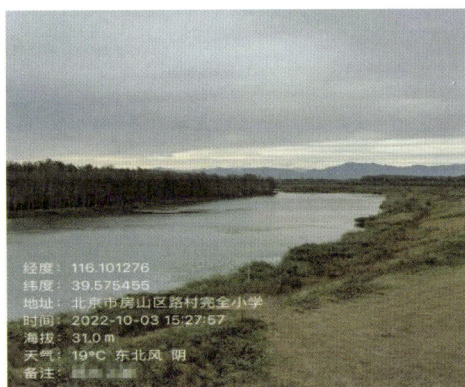

图 1-110　采水口附近情况

表 1-2　平台结果原位比对结果

日期	溶解氧 /（mg/L）			是否合格
	水样浓度	原位比对结果	误差（%）	
9 月 13 日 16 时	1.05	1.01	0.04	是
10 月 14 日 12 时	3.14	2.97	0.17	是
10 月 20 日 13 时	3.35	3.96	-0.61	是

3.2　运行维护

　　水站的运行维护工作包括采水口水体情况排查（色度、浊度、气味、水位、上下游等）、采水单元和配水单元维护、数据采集与传输单元检查、站房及辅助单元检查、仪器设备运行情况检查，以及试剂和标准样品的更换、仪器校准核查等。在这些维护操作过程中，人为操作的规范性可能会影响在线自动监测数据，导致数据出现异常波动。

3.2.1　质控影响

　　国家网自动监测站需定期对仪器采取相关质控措施，包括日质控、周质控、月质控等措施。质控结果不合格反映监测系统存在问题，对自动监测数据产生影响，因此根据质控结果判断数据有效性。另外，质控操作时，由于人为错误操作，可能导致系统产生紊乱，导致监测数据在质控前后出现较大波动，从而不能反映真实水质情况。

　　案例一

　　该水站位于长江流域湘江干流株洲—湘潭段，为固定站，自 2021 年 10 月 11 日 18 时起，水温、溶解氧波动异常，并且在 10 月 16 日、26 日有较大波动。该水站于 10 月 11 日 18 时、16 日 15 时核查后仪器探头放置不稳定导致数据明显异常波动，26 日 20 时再次进行了五参数核查及仪器维护，数据恢复至正常波动状态，10 月 4 日 12 时至 26 日 20 时数据异常波动期间水温、溶解氧判定为数据无效（详见图 1-111 所示）。

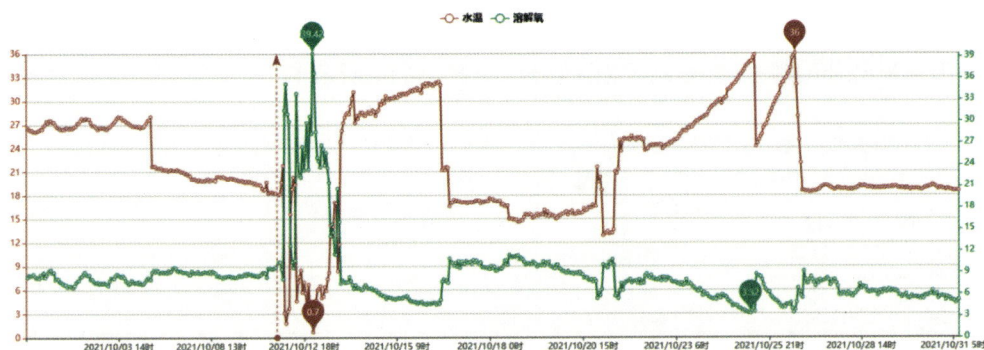

图 1-111　水温、溶解氧数据变化趋势

案例二

该水站位于黄河流域，为固定站，自 2021 年 12 月 9 日 12 时起总氮降低，随后数值持续波动，12 日 12 时回升到 9 日前水平。总氮仪器于 12 月 9 日 12 时进行了系统升级，数值骤降，于 12 日 12 时将系统还原至原版本，系统升级前后数据出现明显变化，核实确认为设备系统问题，12 月 9 日 12 时至 12 日 8 时总氮判定为数据无效（详见图 1-112 所示）。

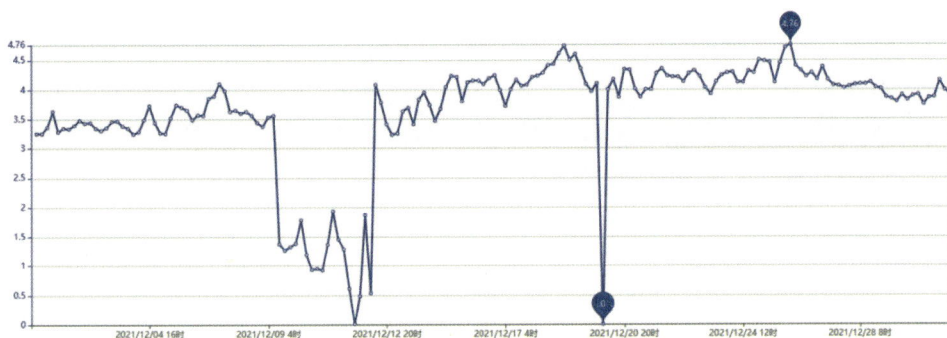

图 1-112　总氮数据变化趋势

案例三

该水站位于长江流域，为固定站，2022 年 9 月 13 日对五参数仪表进行周核查维护时，发现平台上传的五参数核查数据均为 0，报警记录显示为五参数仪表与 PLC 通讯异常故障所致。现场软件升级处理后，质控数据恢复正常，周核查测试数据合格五参数数据趋势波动平稳。平台报警期间显示周核查不

合格为软件升级通讯异常导致，并未影响系统运行，维护后质控数据正常，因此报警期间数据有效（详见图1-113、图1-114所示）。

监测时间	审核时间	监测项目	单位	仪器测试值	证书编号	设置标准液浓度	误差	技术要求	是否过期	是否合格	图片
2022-09-13 13:55:00	2022-09-13 13:52:12	水温	℃	27.3		27.0	0.3	/	否	/	
2022-09-13 13:40:00	2022-09-13 13:37:50	水温	℃	0		29.0	-29.0	/	否	/	
2022-09-13 13:55:00	2022-09-13 13:52:21	pH	无量纲	9.13	BW20029-500	9.18	-0.05	±0.15	否	合格	
2022-09-13 13:40:00	2022-09-13 13:38:03	pH	无量纲	0	BW20029-500	9.18	-9.18	±0.15	否	不合格	
2022-09-13 13:55:00	2022-09-13 13:52:14	溶解氧	mg/L	0.01		0	0.01	±0.3mg/L	否	合格	
2022-09-13 13:40:00	2022-09-13 13:37:51	溶解氧	mg/L	0		0	0	±0.3mg/L	否	合格	
2022-09-13 13:55:00	2022-09-13 13:52:17	电导率	μS/cm	202.7	BW20034-200-50	200.0	1.3%	±5%	否	合格	
2022-09-13 13:40:00	2022-09-13 13:37:57	电导率	μS/cm	0	BW20034-200-50	200.0	-100.0%	±5%	否	不合格	
2022-09-13 13:55:00	2022-09-13 13:52:19	浊度	NTU	392.8	BW20032	400.0	-1.8%	±10%	否	合格	
2022-09-13 13:40:00	2022-09-13 13:38:00	浊度	NTU	0	BW20032	400.0	-100.0%	±10%	否	不合格	

图 1-113　平台周质控不合格记录及设备与PLC通讯异常记录

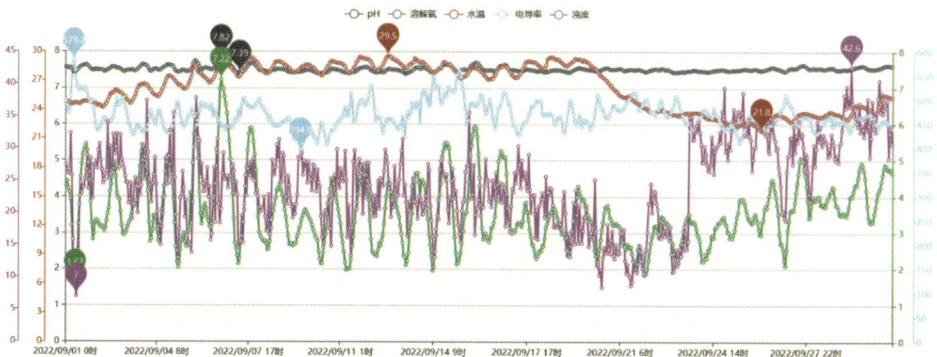

图 1-114　pH、溶解氧、水温、电导率、浊度数据变化趋势

案例四

该水站位于长江流域，为固定站，2022 年 9 月 18 日在现场进行周核查任务，核查结果不合格。

周核查过程中 pH 电极玻璃头破裂，2022 年 9 月 8 日至 18 日两次周核查期间，pH 水样数据无明显变化，更换电极后对 pH 进行标液核查，标液浓度为 9.18，核查结果为 9.22，核查结果满足相关技术要求，判定为数据有效（详见图 1-115 所示）。

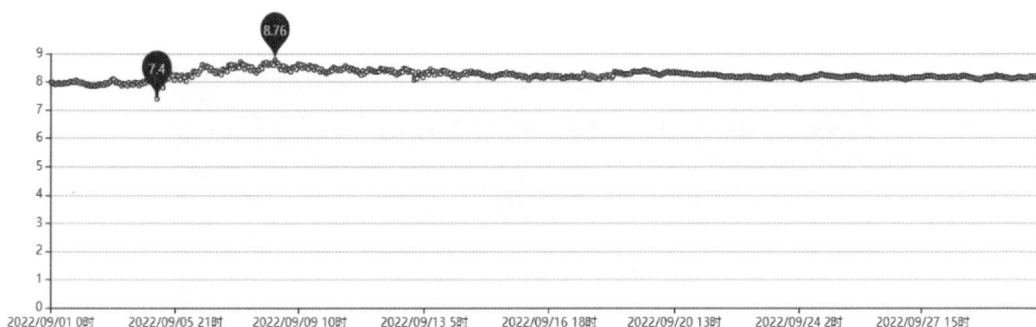

图 1-115　pH 数据变化趋势

案例五

该水站位于松花江流域，为固定站。2022 年 9 月 25 日现场开展周质控核查，工控机电导率数值显示合格，但工控机电导率与平台换算单位不符，周核查结果不合格，导致 9 月 18 日至 9 月 25 日电导率数据无效，后将电导率单位设置一致，并重新进行标液核查，标液浓度为 145 μS/cm，核查结果为 145.4 μS/cm，满足相关技术要求，判定为数据有效（详见图 1-116、图 1-117 所示）。

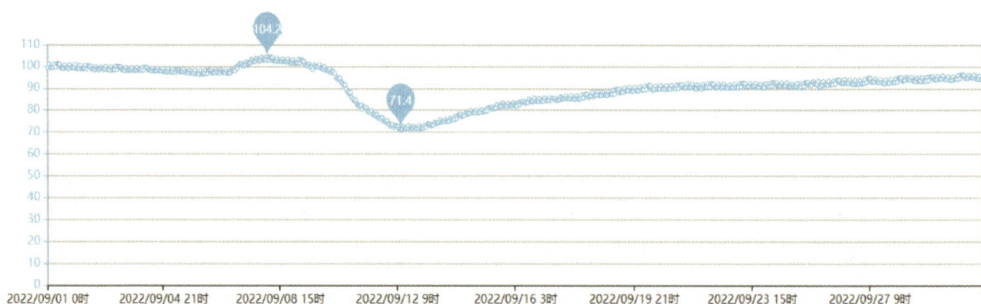

图 1-116　电导率数据变化趋势

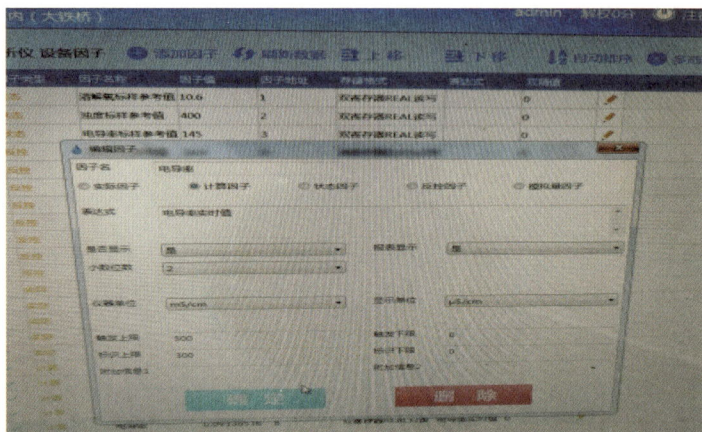

图 1-117　电导率单位设置不一致记录

3.2.2　仪器校准

自动监测仪器需定期更换试剂，并进行仪器校准，以保证仪器运行的可靠性。当仪器校准等操作不规范，会导致校准结果出现误差，监测数据出现较大波动。

案例一

该水站位于珠江流域练江干流，为固定站，2021 年 7 月 25 日氨氮数据突然降低，出现多组异常低值。

该水站氨氮仪器于 7 月 25 日进行校准，校准后发现数据异常，次日（26 日）再次进行校准，数据小幅回升，同时线性核查结果合格，判定为数据有效（详见图 1-118、图 1-119 所示）。

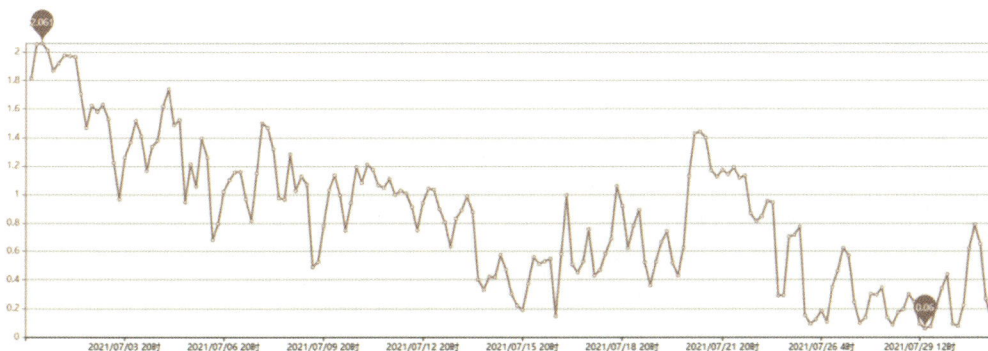

图 1-118 氨氮数据变化趋势

	设备名称	校准完成时间	校准原因	说明	第一点		第二点		第三点		第四点	
					标液浓度	信号值	标液浓度	信号值	标液浓度	信号值	标液浓度	信号值
1	氨氮水质自动分析仪	2021-07-26 19:29	其他	更换回高量程后校准	0	0.0161	1.5	0.0759				
2	氨氮水质自动分析仪	2021-07-26 18:14	仪器检修		0	0.0173	1.5	0.4613				
3	氨氮水质自动分析仪	2021-07-26 12:52	日常校准		0	0.0157	1.5	0.0775				

图 1-119 现场校准记录

案例二

该水站位于西北诸河，为固定站。2021 年 5 月 6 日起高锰酸盐指数数据异常波动，并出现多组 0 值。

该水站于 5 月 6 日对高锰酸盐指数进行校准，校准后数据波动幅度变大，同时日质控多天不合格，质控不合格期间数据均无效。后经多次核查并校准，数据恢复正常波动，异常低值与历史不可比（离群），且均为 0 值或低于检出限，数据稳定性较差，5 月 12 日对高锰酸盐指数进行标液核查，标液浓度为 5.96 mg/L，核查结果为 5.99 mg/L，满足相关技术要求，判定为异常低值数据无效（详见图 1-120、图 1-121 所示）。

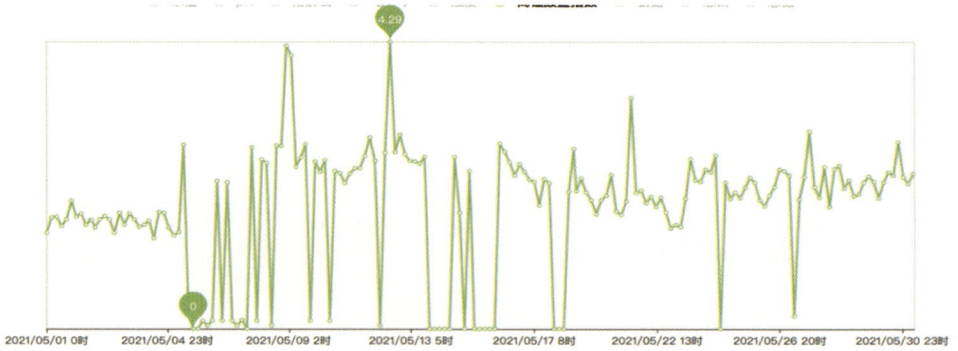

图 1-120　高锰酸盐指数数据变化趋势

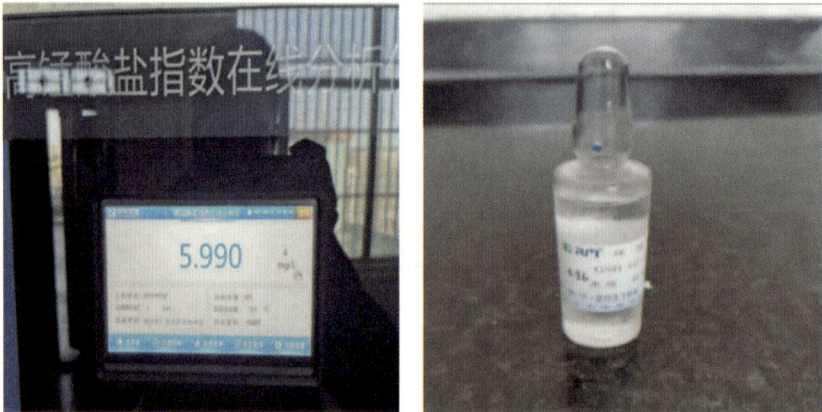

图 1-121　仪器核查结果

案例三

该水站位于海河流域，为固定站，自 2020 年 7 月 19 日 20 时起，高锰酸盐指数突然升高，水质由 Ⅱ 类变为 Ⅴ 类，27 日 20 时数据骤降至 19 日前水平。

该水站于 7 月 27 日 20 时更换了高锰酸盐指数仪器测试量程，将 10 mg/L 的量程更换为 20 mg/L 并进行校准，更换前后数据出现明显变化。数据异常确为校准仪器导致，因此 7 月 19 日 20 时至 7 月 27 日 12 时高锰酸盐指数数据无效（详见图 1-122 至图 1-124 所示）。

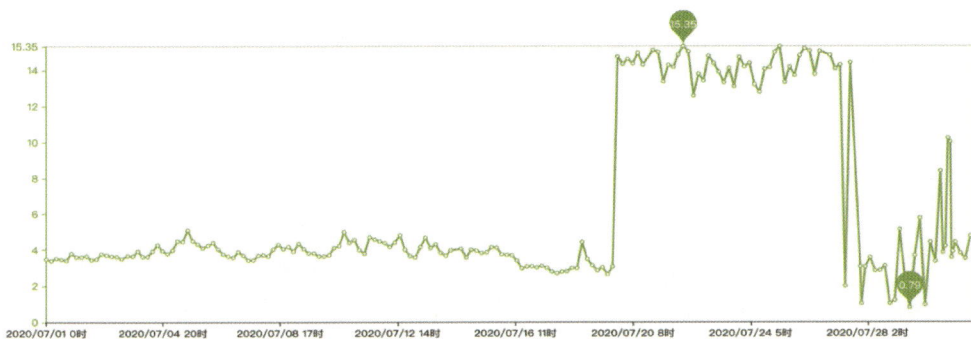

图 1-122　高锰酸盐指数数据变化趋势

高锰酸盐指数-详细情况

测试值：3.05mg/L　　测试时间：2020-07-28 00:00:00　　分析方法：酸性高锰酸钾氧化法

关键参数　流程日志

	名称	参数值	备案范围	是否匹配
1	测量量程	20 mg/L	-	-
2	测量精度	2	-	-

测试值：14.41mg/L　　测试时间：2020-07-27 12:00:00　　分析方法：酸性高锰酸钾氧化法

关键参数　流程日志

	名称	参数值	备案范围	是否匹配
1	测量量程	10 mg/L	-	-
2	测量精度	2	-	-

图 1-123　切换量程记录

	设备名称	校准完成时间	校准原因	说明	第一点		第二点	
					标液浓度	信号值	标液浓度	信号值
1	高锰酸盐水质自动分析仪（MC	2020-07-27 18:40	其他		0	13 027	20	124 148

图 1-124　仪器校准记录

案例四

该水站位于长江流域，为浮船站，2022 年 5 月 22 日 4 时，浊度突然升高且波动较大。

该水站进行现场排查后发现浊度探头被藻类附着，23 日 15 时清洗探头并进行校准，浊度数据恢复正常。该期间的浊度测试数据不能反映水体真实状况，判定为数据无效（详见图 1-125 所示）。

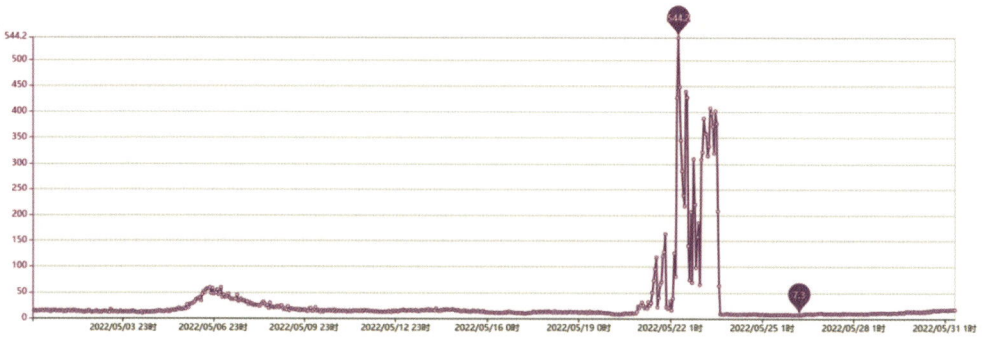

图 1-125　浊度数据变化趋势

案例五

该水站位于海河流域，为浮船站，2022 年 10 月 16 日 6 时至 17 日 16 时，浊度和藻密度探头被淤泥附着，导致数值异常升高，17 日进行校准维护后，数据恢复正常波动，高值期间数据不能反映真实水体状况，判定为数据无效（详见图 1-126 所示）。

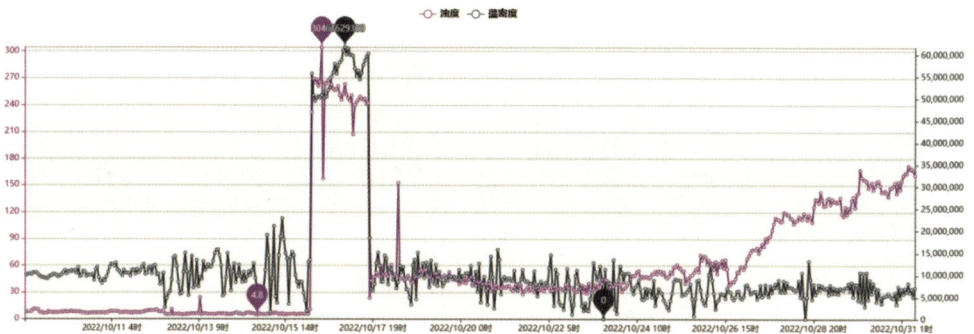

图 1-126　浊度、藻密度数据变化趋势

案例六

该水站位于长江流域漾弓江，为固定站，2022 年 11 月 22 日现场对氨氮仪器进行了校准，校准之后曲线斜率 k 值未在备案范围之内，平台显示关键参数不匹配，23 日重新进行校准之后，曲线斜率符合备案范围。关键参数不匹配期间数据判定为无效（详见图 1-127 所示）。

	名称	参数值	备案范围	是否匹配
1	测量量程	2.000 mg/L	—	—
2	测量精度	3	—	—
3	测量间隔	240 min	—	—
4	测量检出限	0.020 000 mg/L	0.02	匹配
5	消解温度	50.0 ℃	45 ~ 55	匹配
6	消解时长	10 min	5 ~ 10	匹配
7	测量信号值 (x值)	0.291 518	—	—
8	曲线斜率 (k值)	2.082 399	0.5 ~ 2	不匹配
9	曲线截距 (b值)	−0.025 454	-1 ~ 1	匹配
10	线性相关系数 (R^2)	1.000 000	0.99 ~ 1	匹配
11	二次多项式系数 (a值)	0.000 000	—	—
12	仪器上传原始值	0.581 6	—	Y=kx+b
13	平台反算结果	0.582	—	匹配
14	稀释倍数 (e值)		0	—
15	三项式系数 (c值)		—	—
16	空白标定系数 (d值)		—	—
17	量程系数 (f值)		—	—
18	显色时间		1 ~ 6	—

图 1-127　平台关键参数备案

3.2.3　更换关键部件

自动监测仪器及其关键部件的耐用性和使用寿命等会影响监测数据的质量，因此仪器关键部件需定期进行检修与更换，保证仪器稳定运行。

案例一

该水站位于长江流域，为固定站，2021 年 11 月 26 日高锰酸盐指数仪器显示消解温度异常，对消解池进行更换，并对仪器进行调试后进行数据对比分析，更换消解池前后数据趋势无波动，且与正常周期数据、同环比数据相符，质控结果合格，最终判定更换消解池前高锰酸盐指数数据有效。后该水站 12 月出现温度异常，五参数设备数据传输存在故障，转换器曲线存在故障，于 16 日对转换器进行更换，数据恢复正常波动，判定为 12 月 1—16 日期间水温数据无效（详见图 1-128、图 1-129 所示）。

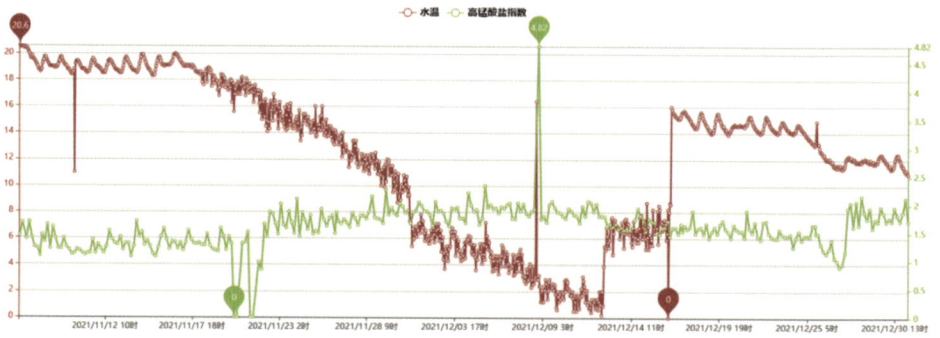

图 1-128　水温、高锰酸盐指数数据变化趋势

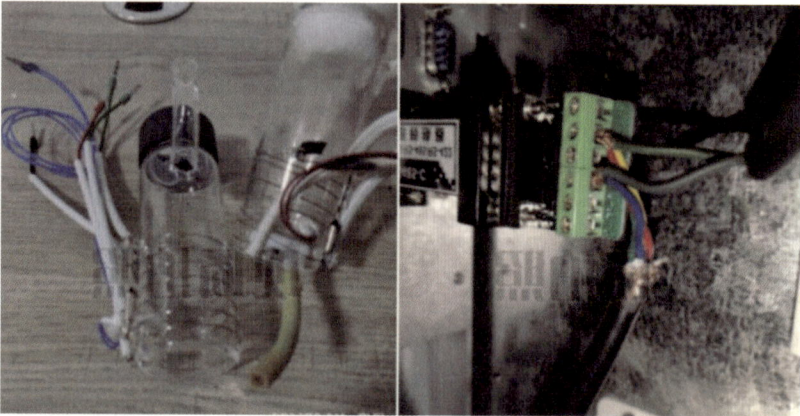

图 1-129　更换关键部件

案例二

该水站位于珠江支流北盘江干流打邦河，为固定站，2021 年 8 月 2 日溶解氧出现较大幅度波动，于 8 月 17 日对溶解氧电极进行更换，经调试后数据恢复稳定，更换电极前数据与正常周期数据、同环比水质相差较大，判定 8 月 2 日溶解氧异常波动后至 8 月 17 日更换电极前数据无效（详见图 1-130、图 1-131 所示）。

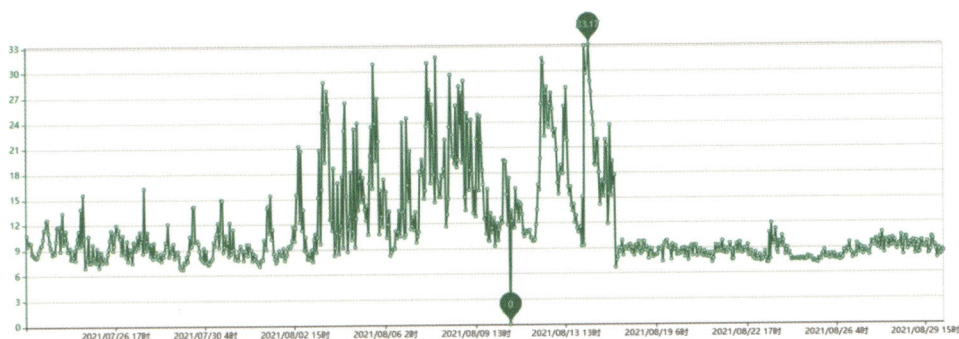

图 1-130　溶解氧数据变化趋势

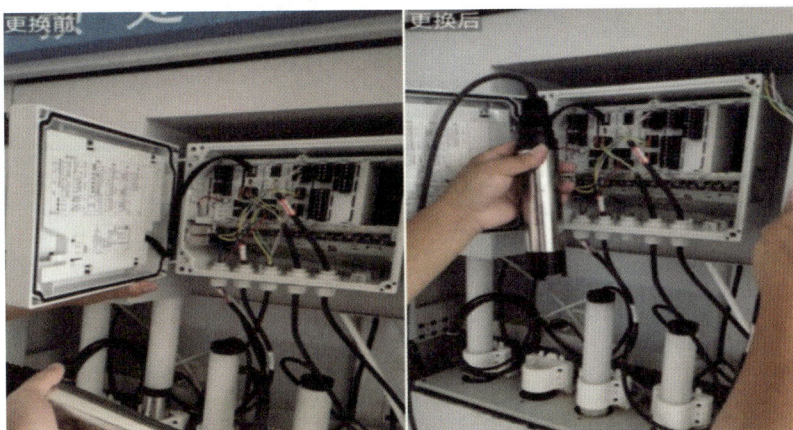

图 1-131　更换电极

案例三

该水站位于海河流域，为固定站，2021 年 12 月 1 日浊度出现大幅波动。

经核实，该水站浊度探头镜片进水，于 8 日更换新的探头并校准后，仪器核查正常，数据恢复稳定，水样浊度测试值比更换电极前降低 10 倍，对 12 日 12 时浊度进行水样比对，自动监测数据为 14.0 NTU，比对结果为 14.15 NTU，满足相关技术要求，判定为更换电极前异常波动数据无效（详见图 1-132 至图 1-134 所示）。

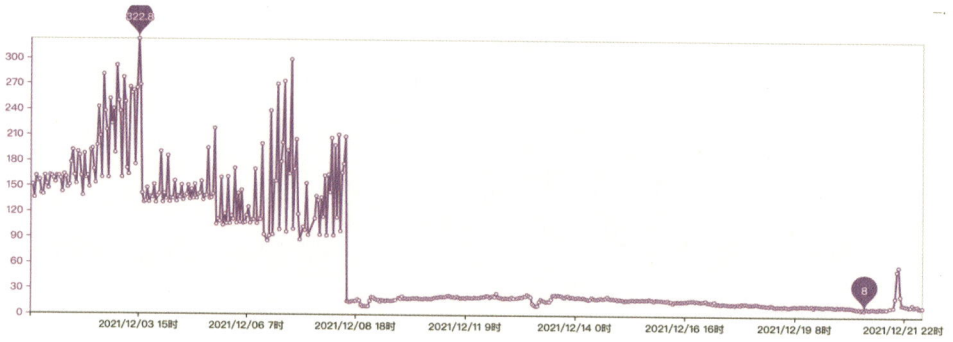

图 1-132　浊度数据变化趋势

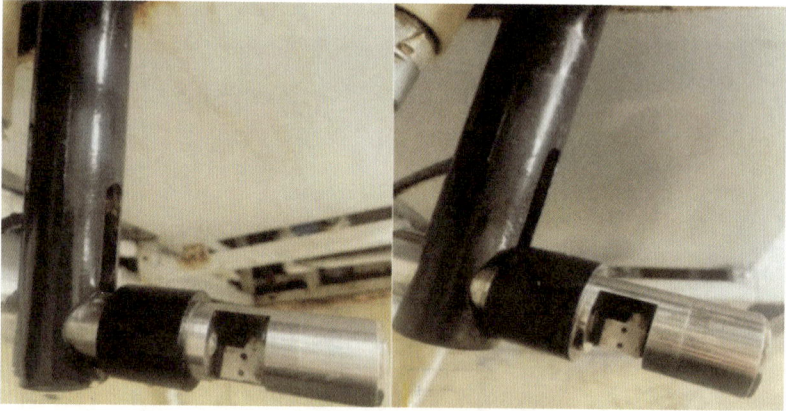

图 1-133　更换关键部件

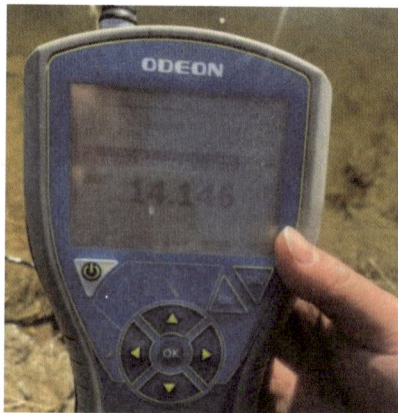

图 1-134　现场核查结果

案例四

该水站位于浙闽片河流，为固定站，自 2022 年 11 月 10 日起 pH 突然升高，波动较大。

经核实，该水站 pH 电极故障，18 日对 18 时 pH 进行岸边比对测试，自动监测数据为 8.80，比对结果为 7.85，未满足质控要求。后于 19 日更换新的 pH 电极并校准后，数据恢复稳定。19 日 3 时对 pH 进行比对测试，自动监测数据为 7.02，比对结果为 7.13，满足相关技术要求，判定为更换电极前异常波动数据无效（详见图 1-135 所示）。

图 1-135 pH 数据变化趋势

案例五

该水站位于长江流域，为固定站，2022 年 11 月 19 日高锰酸盐指数日质控不合格。

经核实为高锰酸盐指数分析仪蠕动泵壳破裂，多通阀堵塞导致，11 月 23 日更换蠕动泵并对多通阀进行清洗后，重新进行仪器校准，日质控合格。判定为仪器修复校准前的数据无效（详见图 1-136、图 1-137 所示）。

图 1-136 更换蠕动泵

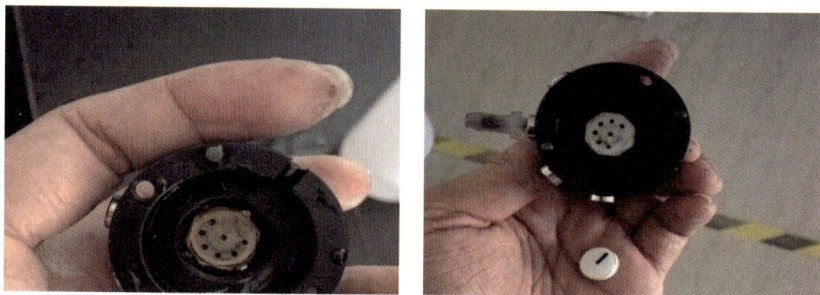

图 1-137　多通阀清洗前后照片

3.3　水站系统影响

3.3.1　采水位置影响

水质采样点布设是关系水质监测分析数据是否有代表性，能否真实地反映水质现状及变化趋势的关键问题。根据《地表水水质自动监测站站房及采排水技术要求（试行）》4.2.1.1 采水点位要求，自动站采水点应满足以下要求：自动站采水点位一般选择在水质分布均匀、流速稳定的平直河段，距上游入河口或排污口的距离不少于 1 km，避免导致对水质数据产生影响。

采水点位一般在水面下 0.5～1 m 范围内，应随着水位的变化而变化。枯水季节采水点一般水深不小于 1 m，采水点最大流速一般低于 3 m/s。若断面受枯水期、丰水期、潮汐等影响，导致采水点位发生偏移，会导致数据发生较大变化。

案例一

该水站位于海河流域，为固定站。该站点为感潮断面，2021 年 11 月，电导率波动超 3 000 μS/cm，采水口水位较高时，氨氮升高至 4.940 mg/L、总磷升高至 0.582 mg/L。

12 月开始进入冬季，水温骤降至 0℃，昼夜水位变化较大，各参数变化趋势符合感潮断面特点，判定为电导率超 3 000 μS/cm 时的氨氮、总磷数据有效（详见图 1-138 至图 1-140 所示）。

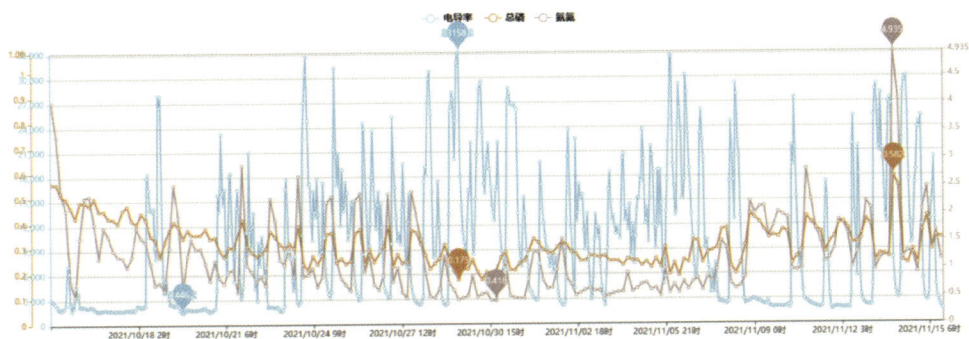

图 1-138　电导率、总磷、氨氮数据变化趋势

图 1-139　夜间采水位置

图 1-140　白天采水位置

案例二

该水站位于长江流域，为固定站。2021 年 12 月 1—2 日，高锰酸盐指数在Ⅱ～Ⅲ类波动，2 日 4 时达最高值（3.24 mg/L）；总磷在Ⅱ～Ⅲ类波动，2 日 0 时达最高值（0.124 mg/L）。

经核实，该水站采水管路被挖出，采水浮船被拖移至岸边附近，采集到河底泥沙，浊度及四参数均发生变化。及时将采水浮船恢复至原位，各参数均恢复正常波动，客观影响采水位置，且能反映实际水质，判定为数据有效（详见图 1-141 至图 1-143 所示）。

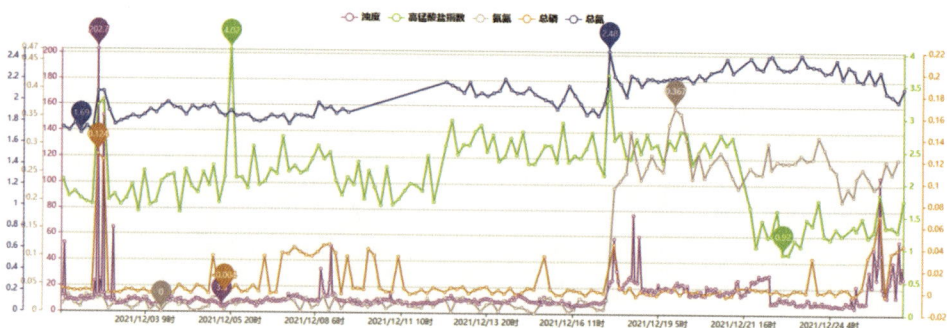

图 1-141　多参数数据变化趋势

图 1-142　因采水管路被挖出导致
采水浮船被拖移至岸边附近

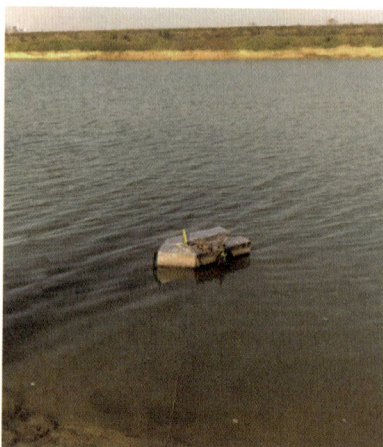

图 1-143　后续将采水浮船恢复原位

案例三

该水站位于长江流域修河，为固定站，2021 年 12 月 4 日浊度升高，高锰酸盐指数持续升至 4.52 mg/L。

冬季枯水期水位下降，采水装置触底抽到泥沙，水样不具有代表性，判定高锰酸盐指数、浊度异常，数据无效（详见图 1-144 至图 1-147 所示）。

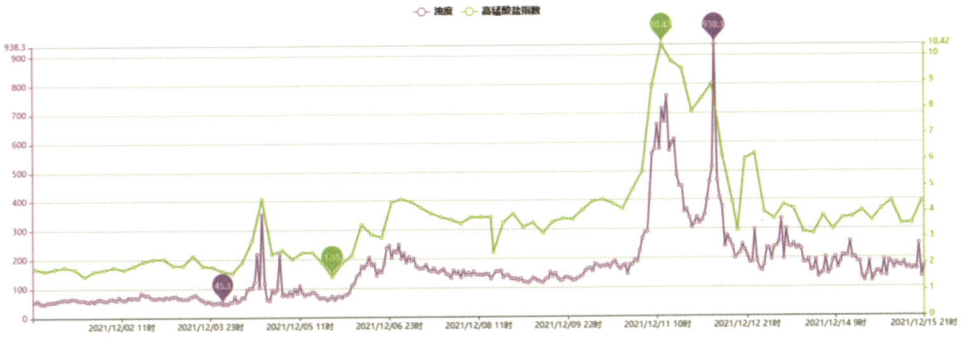

图 1-144 浊度、高锰酸盐指数数据变化趋势

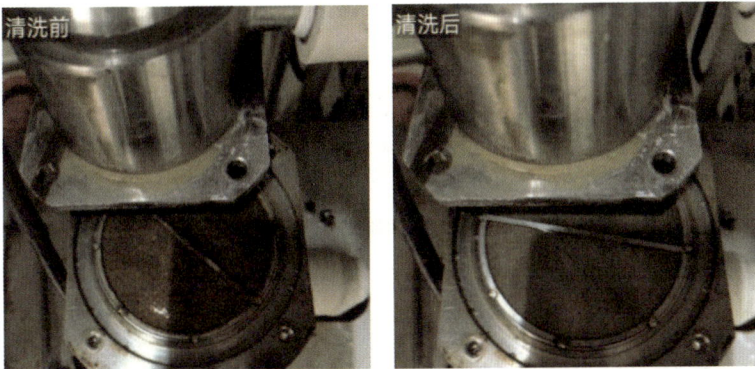

图 1-145 滤网清洗前后

图 1-146 采水口低水位情况

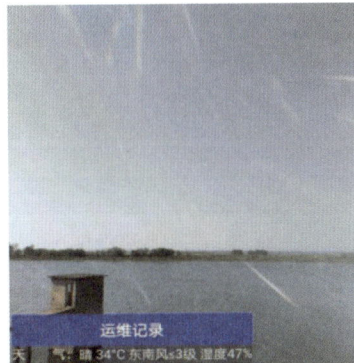

图 1-147 采水口正常水位情况

案例四

该水站位于珠江流域新丰江水库，为固定站，2021年3月总磷数据波动较大，最高为 0.041 mg/L。

该水站采水口处水位存在降低情况，总磷受沉积物及岸边裸土影响而升高，属于水位正常波动，日质控合格，判定数据有效（详见图1-148至图1-150所示）。

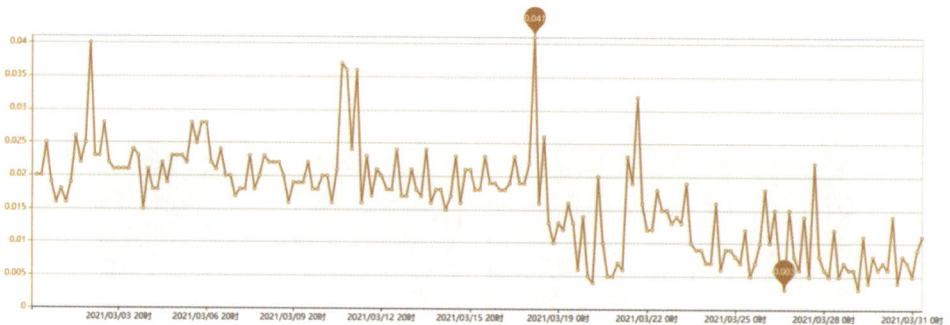

图 1-148　总磷数据变化趋势

图 1-149　采水口低水位情况

图 1-150　采水口正常水位情况

案例五

该水站位于长江流域，为固定站，2022年6月中旬上饶市发生洪灾，采水口被冲毁，7月中旬修好后，采水口靠近岸边，溶解氧波动较大。

该水站水位过低，于10月18日10时将采水口更换至河中心，数据波动恢复正常，并进行了零氧与空气中饱和氧浓度核查，测试结果分别为 0 mg/L 和 8.08 mg/L，满足相关技术要求。11 月 7 日 13 时对溶解氧进行比对测试，自动监测数据为 3.59 mg/L，岸边测试结果为 5.61 mg/L，沉砂池测试结果为 3.90 mg/L，沉砂池比对结果满足相关技术要求，客观因素导致采水口位置变化，判定为异常波动期间数据有效（详见图 1-151 至图 1-156 所示）。

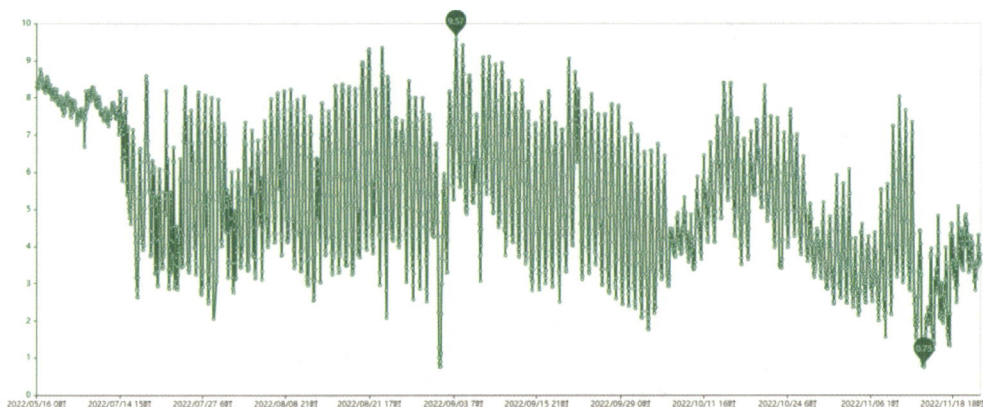

图 1-151 溶解氧数据变化趋势

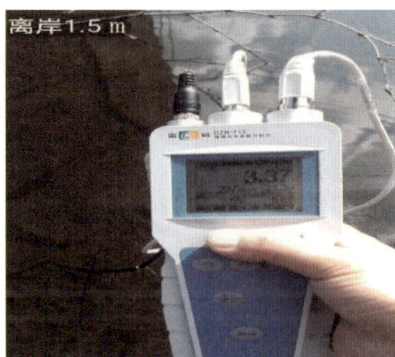

图 1-152 溶解氧河中心比对结果

图 1-153 沉砂池比对结果

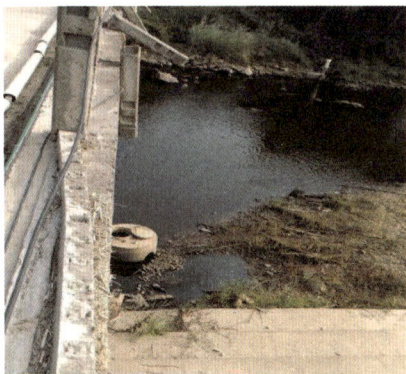

图 1-154 采水口附近情况   图 1-155 采水口上游情况

图 1-156 采水口下游情况

3.3.2 采水管路影响

采水管路对自动监测数据也有一定影响。冬季北方大部分地区气温低于 0℃，采水管路应设置防冻保温措施，以减少环境温度等因素对水样造成影响。采水管路材质应符合自动站建站标准，拥有足够的硬度及良好的化学稳定性，不与水样中被测物产生物理和化学反应。此外，采水管路如遇降雨导致浊度升高，水体泥沙含量较大和富营养程度较大的水体，可能产生藻类聚集、管路堵塞等问题，因此采水管路应具备反清洗、除藻功能，以确保数据能真实反映水体情况。

案例一

该水站位于长江流域，为固定站，同时为溶解氧单独定类站点，2020 年 9—11 月，溶解氧数据超标，最低为 1.89 mg/L。该水站采水管路长达 2 100 m，远远超过相关规范要求 100 m，对 9 月 3 日 16 时溶解氧进行原位和沉砂池比对，自动监测数据为 4.09 mg/L，原位测试结果为 7.98 mg/L，沉砂池测试结果为 4.28 mg/L，原位比对不合格，沉砂池比对合格，管路过长导致溶解氧差异，为客观因素导致，判定为数据有效（详见图 1-157、图 1-158 所示）。

图 1-157 溶解氧数据变化趋势

图 1-158 采水口附近情况

案例二

该水站位于海河流域，为固定站，2020 年 9—11 月，溶解氧数据波动幅度较大，最低降至 0.01 mg/L，最高为 6.15 mg/L，为溶解氧单独定类站点。

该水站采水管路长达 950 m，超过相关规范要求 100 m，对 11 月 10 日 10 时溶解氧进行比对测试，自动监测数据为 4.55 mg/L，原位比对结果为 11.87 mg/L，沉砂池比对结果为 4.37 mg/L，原位比对不合格，沉砂池比对合格，管路过长导致溶解氧差异，为客观因素导致，判定为数据有效（详见图 1-159 所示）。

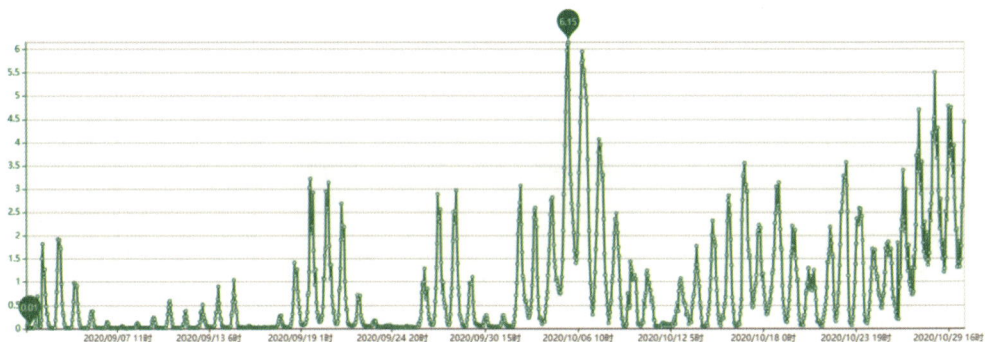

图 1-159　溶解氧数据变化趋势

案例三

该水站位于松花江流域，为固定站，2021 年 11 月 1 日，总磷数据突降至 0.025 mg/L，日常总磷均值在 0.06 mg/L 以上。

当月存在降雨，水体浑浊，总磷水样杯管路堵塞，导致数据测值偏低，水样数据不具有代表性，判定为总磷低值数据无效（详见图 1-160 所示）。

图 1-160　站点数据

案例四

该水站位于海河流域北护城河，为固定站，2022 年 2 月 5—12 日，电导率出现离群较低数据。

该水站现场采水不充分，导致水位未达到探头测量标准，引起电导率数据异常波动，水样数据不具有代表性，判定低值数据无效（详见图 1-161、图 1-162 所示）。

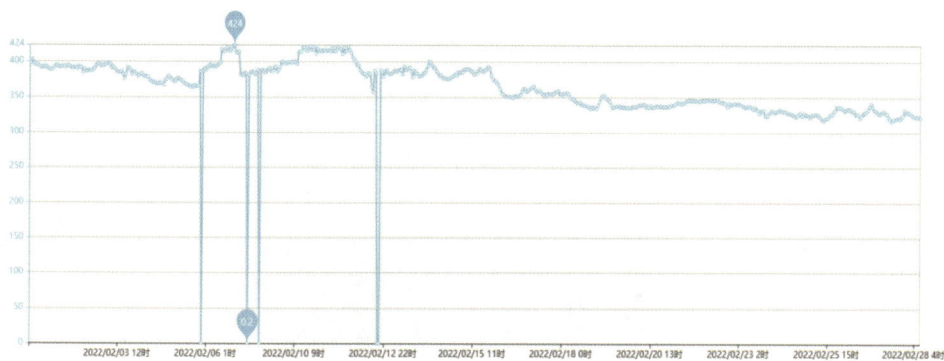

图 1-161　电导率数据变化趋势

图 1-162　采水口附近情况

案例五

该水站位于长江流域沅江支流，为固定站，2020 年 6 月 13—17 日，每日 4 时、8 时、12 时、16 时、20 时采水正常，数据正常波动，其余时间段采水与数据均异常。采水系统出现故障，导致异常时间段数据，不具有代表性，判定异常数据无效（详见图 1-163、图 1-164 所示）。

图 1-163　在线仪器数据

图 1-164　采水口附近情况

3.3.3　预处理方式

自动监测系统不同预处理方式将影响水质监测结果，过滤可以达到水体预沉淀的效果。处理后的水体不仅消除了杂物对监测仪器的影响，又不失水样的代表性。例如，氨氮配有完整的膜过滤系统，确保数据的有效性与抗干扰能力；五参数测量池和沉淀池等预处理装置具有水、气等自动清洗功能，对水路有合理的留路设计，配备足够的活动接口，易拆洗，并有气、样分离设计，保证分析仪器进样的连续性。

案例一

该水站位于太湖流域，为浮船站。自 2021 年 12 月 13 日起，总磷数据突升，从 0.020 mg/L 升至 0.050 mg/L，超Ⅲ类水水质限值。

该水站"一站一策"备案中，总磷水样杯前端装有 63 μm 的过滤筛网，存在过度过滤情况，12 月 13 日将该过滤网拆除后，总磷数据升高，日质控均合格，判定为数据有效（详见图 1-165、图 1-166 所示）。

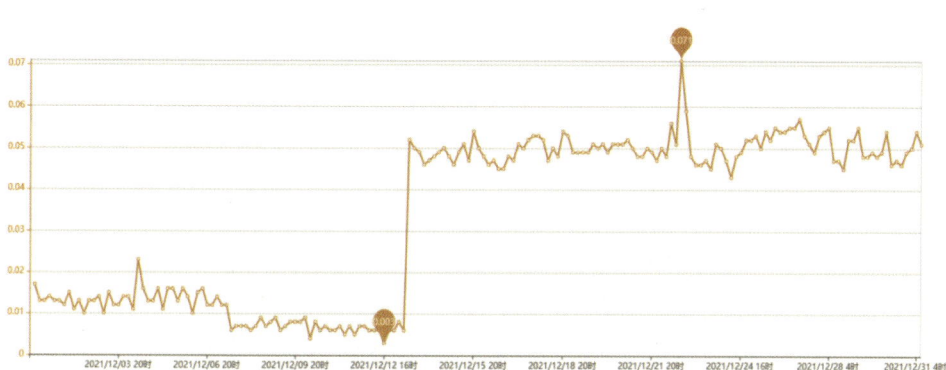

图 1-165 总磷数据变化趋势

图 1-166 采水口附近情况

案例二

该水站位于太湖流域，为浮船站，自 2021 年 12 月起，总磷数据突升，波动较大，最低为 0.008 mg/L，最高为 0.128 mg/L，超Ⅲ类水水质限值。

该水站"一站一策"备案中，总磷水样杯前端装有 63 μm 的过滤筛网，

12 月 13 日将该过滤网拆除后，总磷数据出现升高，日质控均合格，判定数据有效（详见图 1-167、图 1-168 所示）。

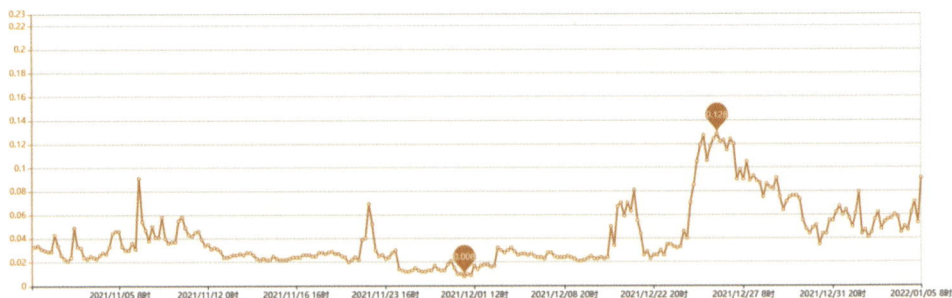

图 1-167　总磷数据变化趋势

图 1-168　采水口附近情况

案例三

该水站位于西南诸河流域，为固定站，自 2021 年 11 月 11 日起，浊度、高锰酸盐指数、氨氮、总磷数据均升高。

当月存在降雨，预处理装置由原来的 2 μm 更换为 5 μm 筛网，导致数据升高，对高锰酸盐指数、氨氮、总磷分别进行标液核查（标液浓度分别为 10 mg/L、1.0 mg/L、0.2 mg/L，核查结果分别为 9.97 mg/L、0.986 mg/L、0.205 mg/L，核查均满足相关技术要求，判定为数据有效（详见图 1-169 至图 1-173 所示）。

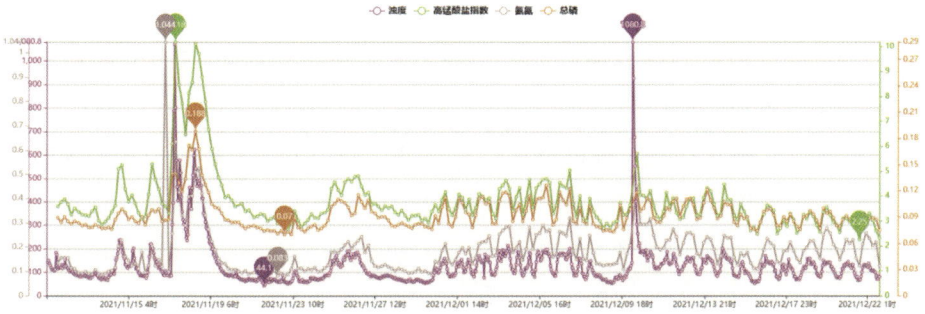

图 1-169 浊度、高锰酸盐指数、氨氮、总磷数据变化趋势

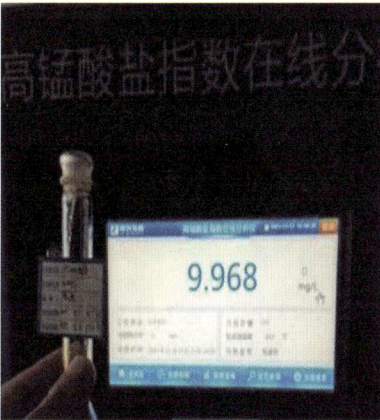

图 1-170 高锰酸盐指数标液核查结果

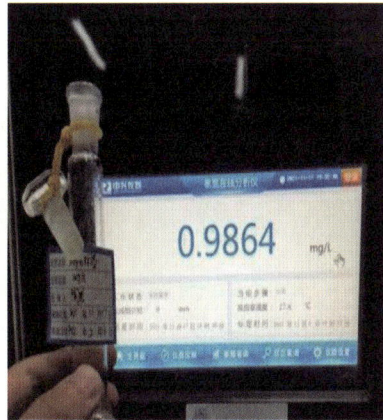

图 1-171 氨氮标液核查结果

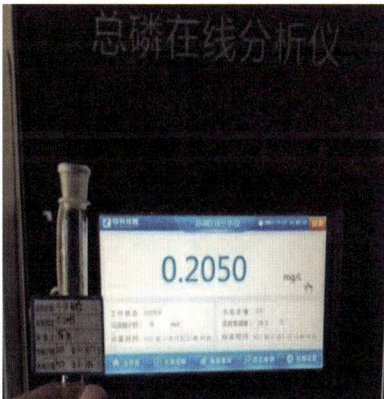

图 1-172 总磷标液核查结果

图 1-173 采水口附近情况

案例四

该水站位于巢湖流域南淝河，为固定站，2020 年 12 月 7 日总磷数据升高，由 0.16 mg/L 升至 0.456 mg/L。

该水站总磷水样杯过滤网堵塞，导致数据测值偏高，经过清理后，数据下降至均值范围，当月实际水样比对结果为负偏差。高值数据不具有水样代表性，判定为 12 月 7 日至 12 月 10 日维护期间超过均值范围（0.240 mg/L 以上）总磷高值数据无效（详见图 1-174 所示）。

监测时间	水温(℃)	pH(无量纲)	溶解氧(mg/L)	电导率(μS/cm)	浊度(NTU)	高锰酸盐指数(mg/L)	氨氮(mg/L)	总磷(mg/L)	总氮(mg/L)
Ⅲ类标准限值		6~9	≥5			6	1	0.2	
123 2020-12-10 16时									
124 2020-12-10 12时	17.3	7.73	9.71	0.01	3.5	3.94	0.092	0.229	7.34
125 2020-12-10 08时	14.2	7.47	6.50	715.6	37.4	3.94	1.280	0.229	7.35
126 2020-12-10 04时	14.3	7.47	6.49	713.4	32.7	3.94	1.317	0.229	7.42
127 2020-12-10 00时	14.3	7.47	6.54	712.4	39.9	3.94	1.354	0.239	7.62
128 2020-12-09 20时	14.3	7.48	6.50	711.4	36.2	3.94	1.416	0.238	7.45
129 2020-12-09 16时	14.4	7.48	6.44	705.3	47.7	4.15	1.559	0.242	7.53
130 2020-12-09 12时	14.1	7.48	6.49	702.6	63.5	4.29	1.462	0.264	0.26
131 2020-12-09 08时	14.0	7.48	6.46	699.6	39.2	4.05	1.519	0.239	7.34
132 2020-12-09 04时	14.0	7.48	6.34	699.0	41.2	4.11	1.527	0.244	7.44
133 2020-12-09 00时	13.9	7.47	6.47	699.7	33.9	4.05	1.594	0.238	7.41
134 2020-12-08 20时	14.0	7.50	6.60	705.3	35.1	4.01	1.706	0.238	7.37
135 2020-12-08 16时	14.1	7.50	6.44	708.1	36.5	4.05	1.812	0.240	7.51
136 2020-12-08 12时	14.2	7.49	6.44	720.9	32.7	4.08	1.843	0.236	7.51
137 2020-12-08 08时	14.1	7.48	6.27	728.4	35.4	4.18	1.922	0.246	7.80
138 2020-12-08 04时	14.1	7.48	6.17	737.6	34.5	4.22	2.021	0.246	7.91
139 2020-12-08 00时	14.1	7.48	6.10	742.7	38.1	4.25	2.177	0.260	8.21
140 2020-12-07 20时	12.9	7.47	6.53	745.1	41.9	4.39	2.208	0.303	8.47
141 2020-12-07 12时	12.2	7.49	6.78	745.2	35.8	4.73	2.357	0.456	8.61
142 2020-12-07 08时	15.6	7.48	6.28	739.2	35.5	3.74	0.068	0.157	7.10
143 2020-12-07 04时	15.7	7.49	6.25	737.8	37.8	3.74	0.070	0.157	7.06

图 1-174　历史数据

3.4　人为因素影响

3.4.1　闸控影响

闸坝对水流的拦截和调度会影响河流的水质。闸坝在防洪排涝、拒咸蓄淡、灌溉供水、通航养殖、景观娱乐等方面起着积极作用，但闸坝建设截断了天然河流的连续性，拦截上游水源将导致水流流速减缓，河流水量减少，水体自净能力降低，从而增加水体的水质压力，并影响下游的河段。闸坝的运行还可能改变河流的水动力学特征，使水中的悬浮物、溶解氧、水温等因素发生变化，从而对水生生物产生影响。

案例一

该水站位于黄河流域，为固定站，自 2022 年 2 月 6 日起，氨氮和总磷逐渐升高，7 日和 11 日先后达到较高峰值，分别为 0.214 mg/L 和 1.404 mg/L，12 日后逐渐下降并趋于平稳。

其间上游红石峡水库清库放水，对氨氮、总磷分别进行标液核查，标液浓度分别为 1.2 mg/L 和 0.3 mg/L，核查结果分别为 1.18 mg/L 和 0.299 mg/L，核查满足相关技术要求，判定为数据有效（详见图 1-175、图 1-176 所示）。

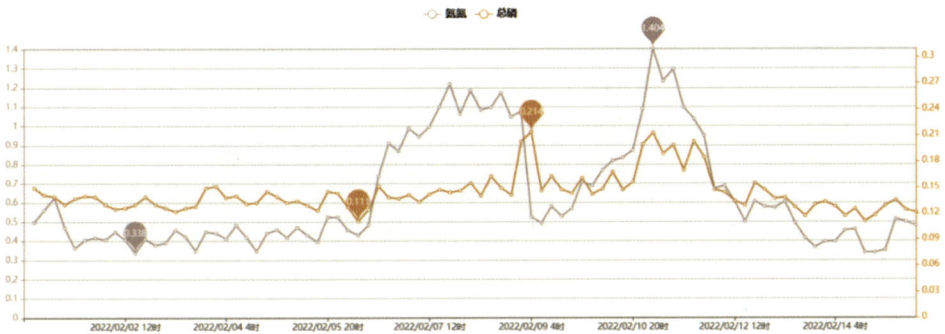

图 1-175　氨氮、总磷数据变化趋势

图 1-176　采水口附近情况

案例二

该水站位于长江流域，为固定站。自 2021 年 11 月 20 日起常规五参数出现规律性波动，其中 pH、电导率、浊度数据波动较大。

该水站上游建有电站，电站不定期放水，对 pH、电导率、浊度进行标液核查，标液分别为 6.86、147.3 μS/cm、100 NTU，核查结果分别为 6.98、145.8 μS/cm、102.9 NTU，核查满足相关技术要求，判定为数据有效（详见图 1-177、图 1-178 所示）。

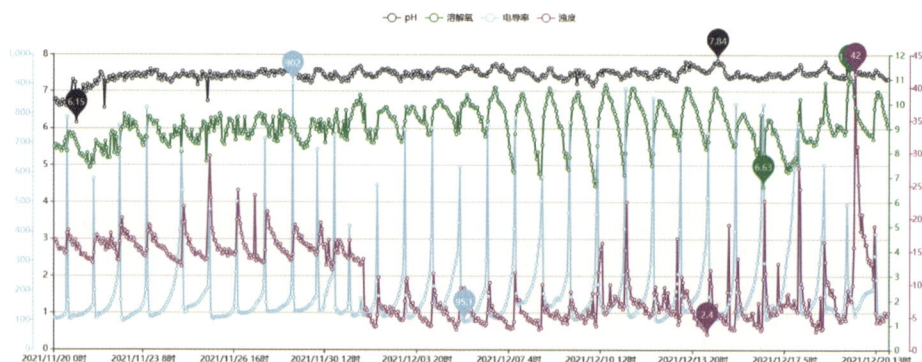

图 1-177　五参数数据变化趋势

图 1-178　采水口附近情况

案例三

该水站位于淮河流域，为固定站。自 2022 年 10 月 3 日起，高锰酸盐指数、氨氮、总磷、总氮开始同趋势升高。

该水站上游存在开闸放水情况，10 月 5 日对高锰酸盐指数、氨氮、总磷、总氮分别进行标液核查，标液浓度分别为 7 mg/L、4 mg/L、0.5 mg/L、8 mg/L，核查结果分别为 6.63 mg/L、3.622 mg/L、0.504 mg/L、7.68 mg/L，核查满足相关技术要求，判定为数据有效（详见图 1-179、图 1-180 所示）。

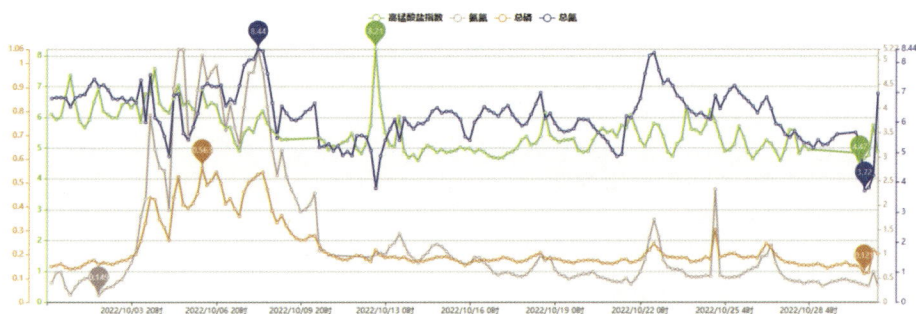

图 1-179　高锰酸盐指数、氨氮、总磷、总氮数据变化趋势

图 1-180　采水口附近情况

案例四

该水站位于辽河流域，为固定站。该水站自 2022 年 9 月 20 日起，总磷开始下降，自 0.276 mg/L 降至 0.126 mg/L，其他参数无明显变化。

其间上游存在开闸放水情况，对 9 月 20 日总磷进行标液核查，标液浓度分别为 0.2 mg/L、0.3 mg/L，核查结果分别为 0.197 mg/L、0.301 mg/L；对 22 日 8 时总磷开展留样复测，自动监测数据为 0.256 mg/L，复测结果为 0.272 mg/L，核查和复测均满足相关技术要求，判定为数据有效（详见图 1-181、图 1-182 所示）。

图 1-181　总磷数据变化趋势

图 1-182　采水口附近情况

案例五

　　该水站位于海河流域独流减河，为固定站，自 2022 年 9 月 30 日起，溶解氧开始下降，9 月 26 日达到最低（0.99 mg/L），数据波动较大。

　　9 月 30 日至 10 月 26 日上游开闸放水，对 10 月 24 日 10 时溶解氧进行比对测试，自动监测数据为 1.89 mg/L，原位比对结果为 1.91 mg/L，沉砂池比对结果为 1.99 mg/L，比对满足相关技术要求，判定为数据有效（详见图 1-183 至图 1-185 所示）。

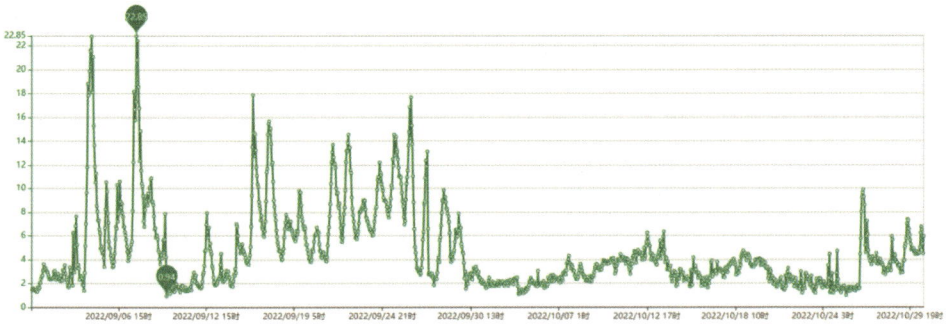

图 1-183　溶解氧数据变化趋势

图 1-184　溶解氧原位比对

图 1-185　采水口附近情况

3.4.2　河道施工

河道综合整治施工会对河道造成一定的水质污染，施工对河道的扰动过大，会引发环境河道水质效应，降低流域的径流量，同时降低河道的纳污净化能力，增加流域中的污染物含量，对水环境及河道水资源利用产生不利影响。在河道施工过程中，影响水质的因素主要来源于施工过程中的生活污染和生产污染。

案例一

该水站位于长江流域，为固定站，自 2022 年 5 月 14 日起，高锰酸盐指数在Ⅲ～Ⅳ类波动，水体呈黄绿色。

采水口上游 500 m 存在施工情况。对高锰酸盐指数进行标液核查，标液浓度为 10 mg/L，核查结果为 9.21 mg/L，核查结果均满足相关技术要求，判定为数据有效（详见图 1-186 至图 1-188 所示）。

图 1-186　高锰酸盐指数、电导率数据变化趋势

图 1-187　采水口附近情况

图 1-188　采水口上游 500 m 处施工情况

案例二

该水站位于淮河流域，为固定站，2021 年 3 月 1—31 日，氨氮在Ⅲ～劣Ⅴ类波动，总磷在Ⅱ～Ⅳ类波动，浊度在 1 日 19 时达最高值（320 NTU）。河道上游 1 000 m 存在施工情况。对 3 月 1 日氨氮、总氮、总磷进行标液核查，标液浓度分别为 3 mg/L、8 mg/L、0.3 mg/L，核查结果分别为 3.21 mg/L、7.85 mg/L、0.315 mg/L，核查结果均满足相关技术要求，判定为数据有效（详见图 1-189 至图 1-193 所示）。

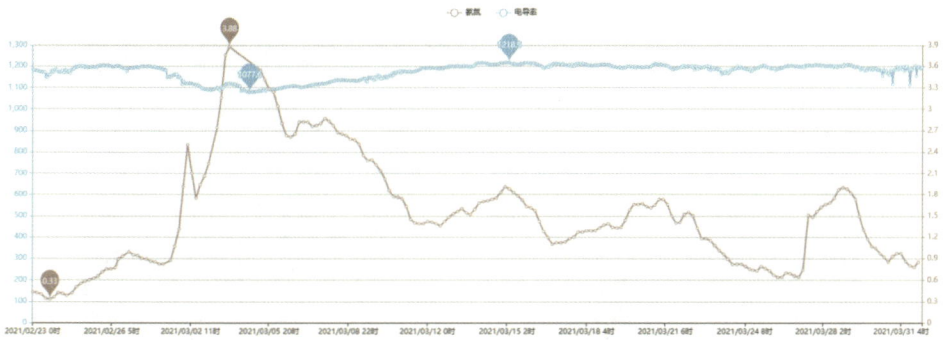

图 1-189　氨氮、电导率数据变化趋势

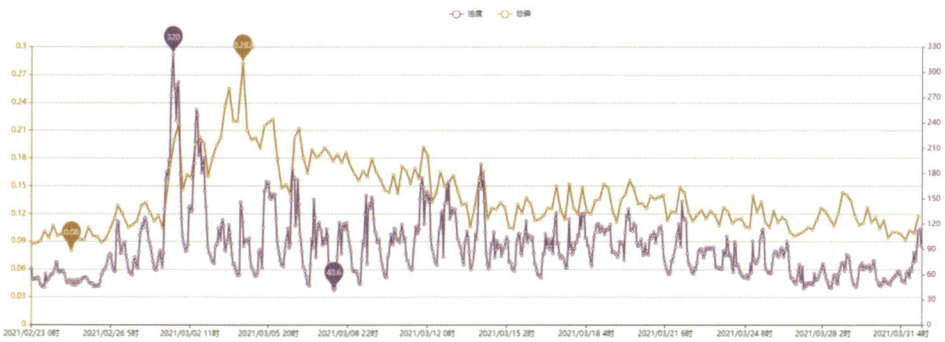

图 1-190　浊度、总磷数据变化趋势

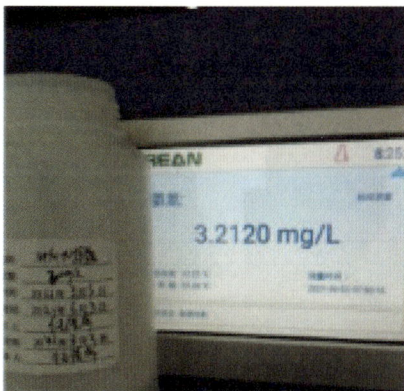

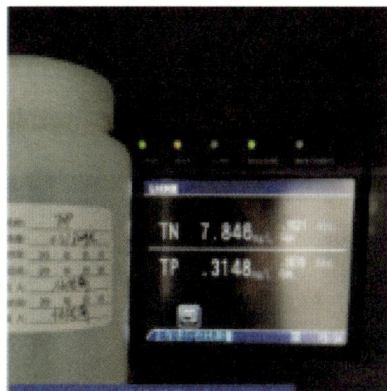

图 1-191　氨氮、总磷标液核查结果

图 1-192 采水口附近情况

图 1-193 上游河道施工情况

案例三

该水站位于海河流域，为固定站。2021 年 3 月 22—31 日，高锰酸盐指数在 Ⅱ ~ Ⅴ 类波动，总磷在 Ⅱ ~ Ⅴ 类波动。

河道上游存在施工情况。对高锰酸盐指数、总磷进行标液核查，标液浓度分别为 8 mg/L、0.3 mg/L，核查结果分别为 7.88 mg/L、0.292 mg/L，核查结果均满足相关技术要求，判定为数据有效（详见图 1-194 至图 1-198 所示）。

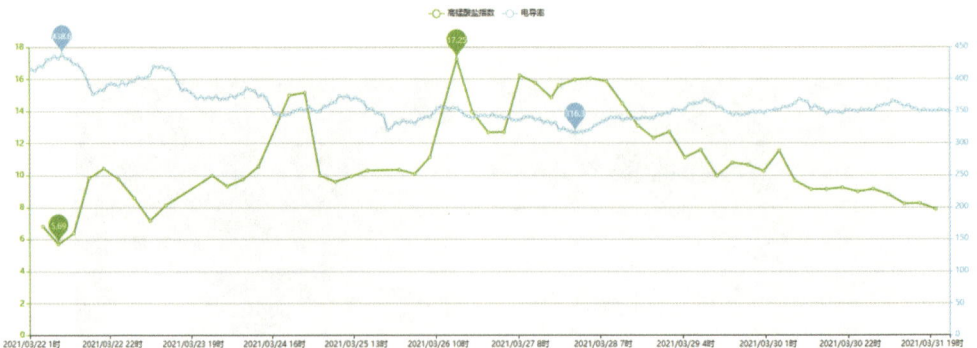

图 1-194 高锰酸盐指数、电导率数据变化趋势

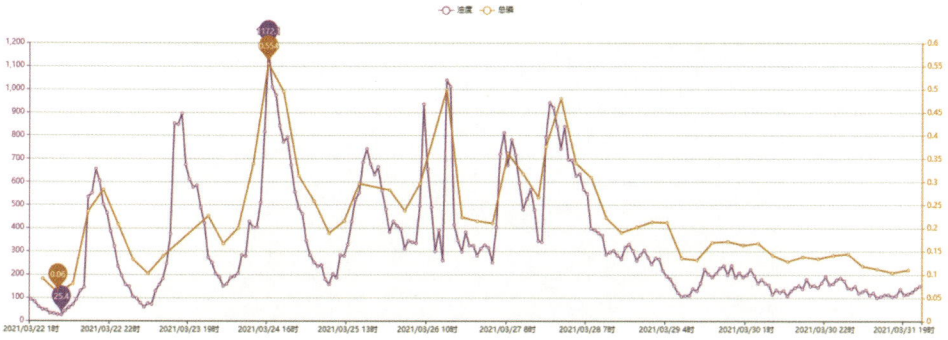

图 1-195　浊度、总磷数据变化趋势

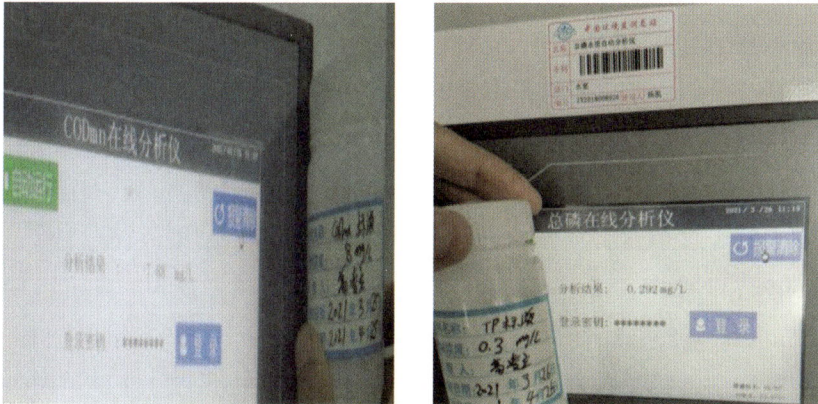

图 1-196　高锰酸盐指数、总磷标液核查结果

图 1-197　采水口附近情况

图 1-198　采水口上游河道施工情况

案例四

该水站位于长江流域，为固定站。自 2022 年 2 月 22 日起，高锰酸盐指数在 Ⅰ～Ⅳ 类波动，总磷在 Ⅱ～劣Ⅴ 类波动。

上游约 1.6 km 处河堤施工，水体呈黄色。对高锰酸盐指数、总磷进行标液核查，标液浓度分别为 7.92 mg/L、0.603 mg/L，核查结果分别为 7.68 mg/L、0.584 mg/L；对 22 日 12 时高锰酸盐指数、总磷开展留样复测，自动监测数据为 8.27 mg/L、0.567 mg/L，复测结果分别为 7.47 mg/L、0.576 mg/L，核查和复测结果均满足相关技术要求，判定为数据有效（详见图 1-199 至图 1-202 所示）。

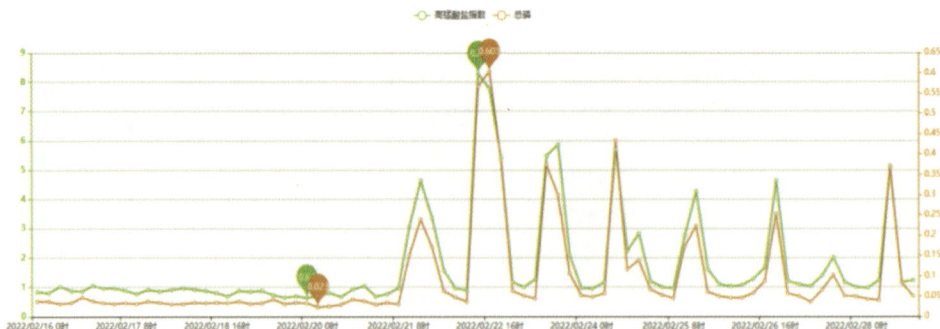

图 1-199　高锰酸盐指数、总磷数据变化趋势

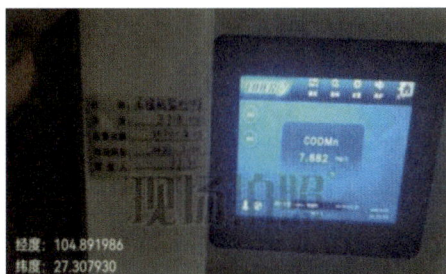

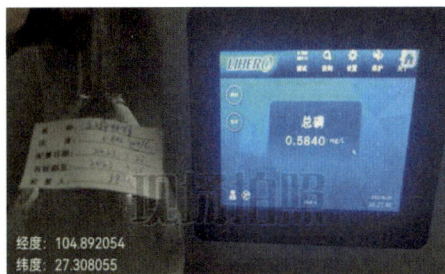

图 1-200　高锰酸盐指数、总磷标液核查结果

图 1-201　上游约 1.6 km 处情况　　　图 1-202　采水口附近情况

案例五

该水站位于珠江流域，为固定站。2022 年 2 月 28—3 月 5 日，高锰酸盐指数在Ⅱ～Ⅲ类波动，氨氮在Ⅰ～Ⅱ类波动，总磷在Ⅱ～Ⅲ类波动，总氮在 2 月 28 日 12 时达到最高值，为 2.01 mg/L。

采水口上游约 200 m 处存在施工情况。对高锰酸盐指数、氨氮、总磷、总氮进行标液核查，标液浓度分别为 10 mg/L、0.4 mg/L、0.876 mg/L、1 mg/L，核查结果分别为 10.00 mg/L、0.427 mg/L、0.904 mg/L、1.07 mg/L，核查结果均满足相关技术要求，判定为数据有效（详见图 1-203 至图 1-207 所示）。

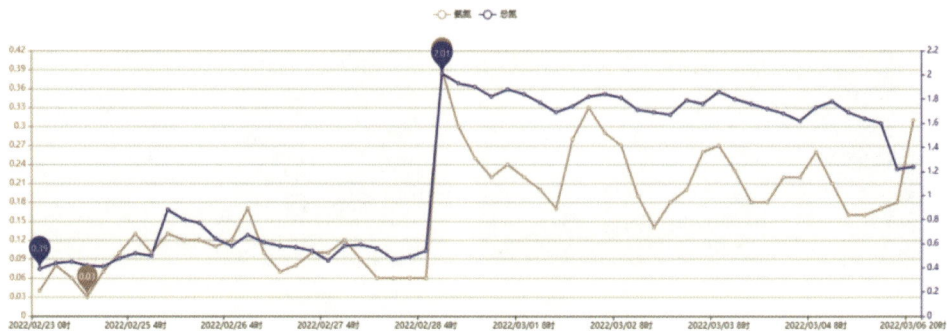

图 1-203　氨氮、总氮数据变化趋势

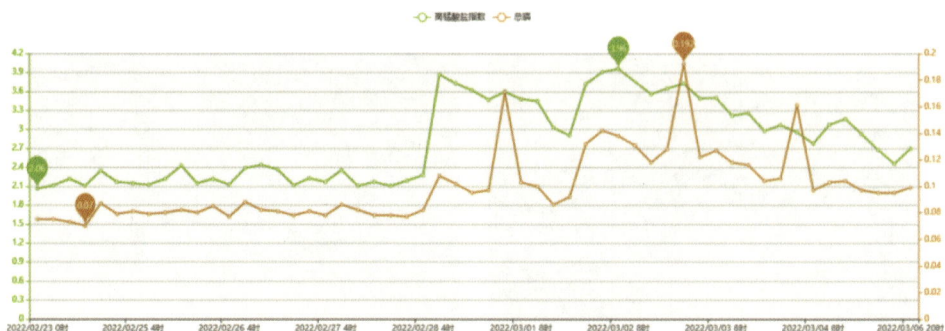

图 1-204　高锰酸盐指数、总磷数据变化趋势

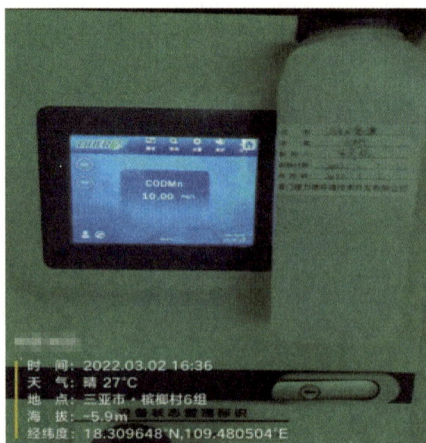

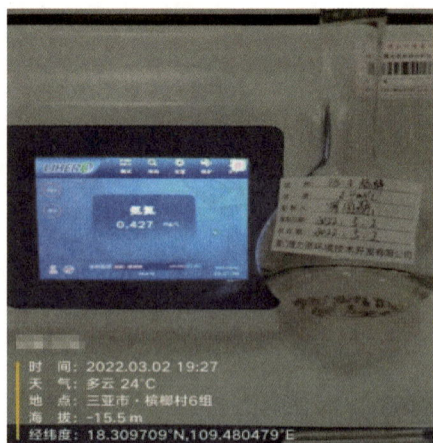

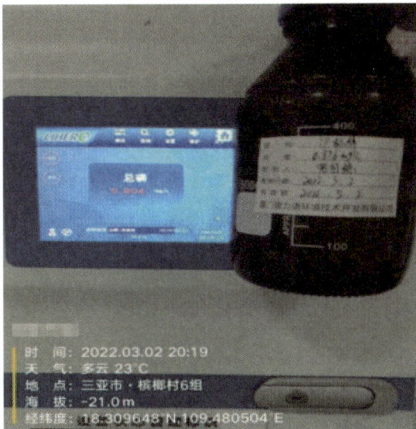

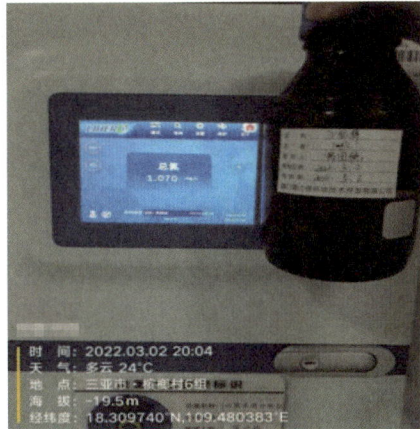

图 1-205　高锰酸盐指数、氨氮、总磷和总氮标液核查结果

图 1-206　采水口附近情况　　图 1-207　采水口上游约 200 m 处施工情况

3.4.3　疑似污染

外源性因素也是造成水体污染的重要原因。近年来，存在多起利用井、渗坑、裂隙、溶洞、私设暗管等方式向河流或湖库中偷排未达标生活污水和工业废水的情况，其中，生活污水中可能含大量病原体，一些工业废水中还含有碳水化合物、蛋白质等有机物，这些都将对水体造成污染。

案例一

该水站位于海河流域，为固定站。2021 年 11 月 20—21 日，氨氮在Ⅱ～

劣Ⅴ类波动，总磷在Ⅱ～Ⅳ类波动。

在采水口上游约 50 m 处存在不明管路向河道内排水情况。对氨氮、总磷进行标液核查，标液浓度分别为 2.163 mg/L、0.2 mg/L，核查结果分别为 2.260 mg/L、0.208 mg/L，核查结果均满足相关技术要求，判定为数据有效（详见图 1-208 至图 1-210 所示）。

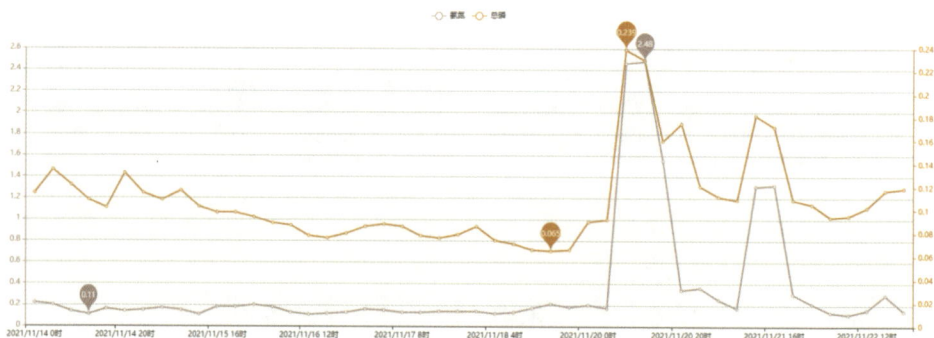

图 1-208　氨氮、总磷数据变化趋势

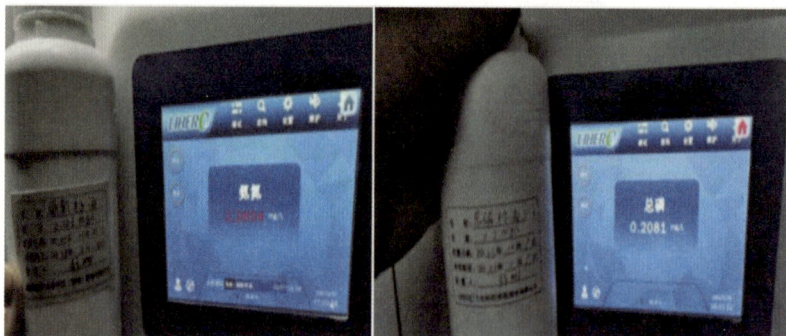

图 1-209　氨氮、总磷标液核查结果

图 1-210　上游不明管路排水情况

案例二

该水站位于长江流域，为固定站，2021 年 3 月 27—30 日，氨氮在 II ～ 劣 V 类波动，高锰酸盐指数在 III ～ IV 类波动，总磷在 III ～ 劣 V 类波动，总氮在 29 日 16 时最高达到 8.85 mg/L。

采水点上游约 1.2 km 处有一处排涝站正在排放不明水体，水体颜色较深。对高锰酸盐指数、氨氮、总磷、总氮进行标液核查，标液浓度分别为 6 mg/L、2 mg/L、0.4 mg/L、4 mg/L，核查结果分别为 5.83 mg/L、2.033 mg/L、0.302 mg/L、3.96 mg/L，核查结果均满足相关技术要求，判定为数据有效（详见图 1-211 至图 1-214 所示）。

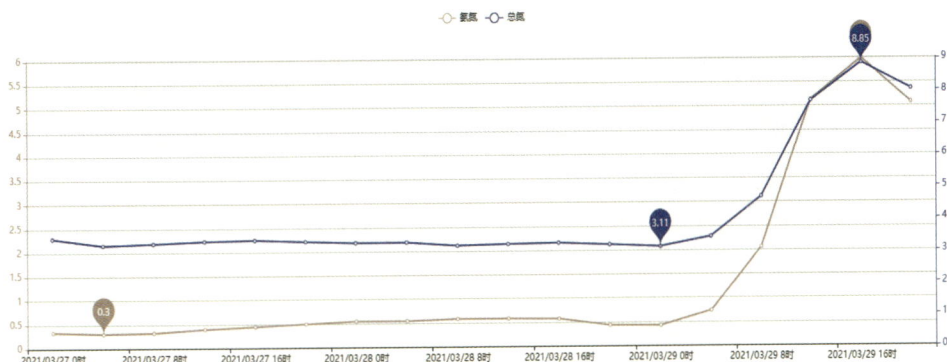

图 1-211　氨氮、总氮数据变化趋势

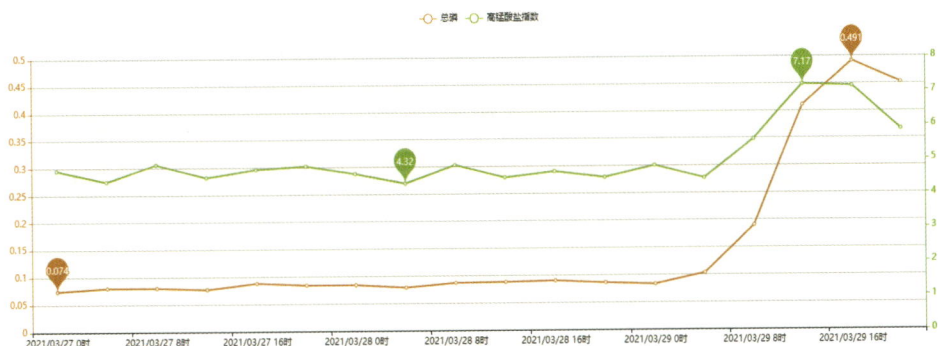

图 1-212　总磷、高锰酸盐指数数据变化趋势

图 1-213 采水口附近情况

图 1-214 上游 1.2 km 处排涝站排水情况

案例三

该水站位于长江流域，为固定站。2021 年 12 月 1—31 日，高锰酸盐指数在 Ⅳ ～ Ⅴ 类波动，氨氮在 Ⅱ ～ 劣 Ⅴ 类波动，总磷在 Ⅱ ～ 劣 Ⅴ 类波动，总氮最高值为 15.59 mg/L。

采水口下游 500 m 左右处，有闸口排放不明水体，采水口水位较低，水体存在倒流现象，对下游排水口高锰酸盐指数、氨氮、总氮开展水样测试，测试结果分别为 16.2 mg/L、13.07 mg/L、20.582 mg/L。对高锰酸盐指数、氨氮、总磷、总氮进行标液核查，标液浓度分别为 12 mg/L、5 mg/L、0.5 mg/L、8 mg/L，核查结果分别为 11.92 mg/L、5.019 mg/L、0.497 mg/L、7.82 mg/L。核查和测试结果均满足相关技术要求，判定为数据有效（详见图 1-215 至图 1-220 所示）。

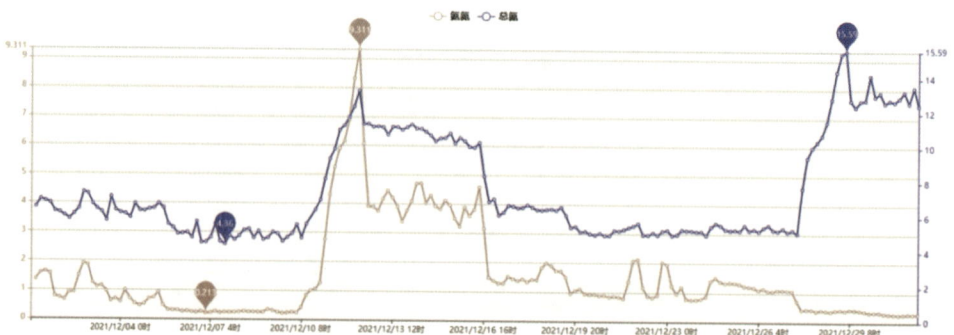

图 1-215 氨氮、总氮数据变化趋势

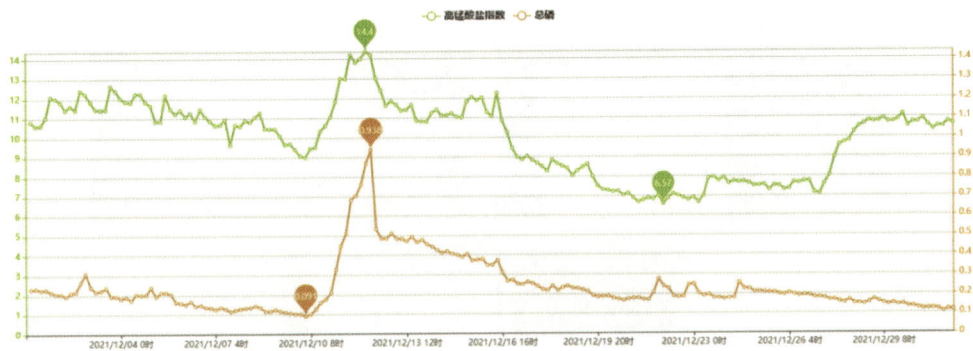

图 1-216 高锰酸盐指数、总磷数据变化趋势

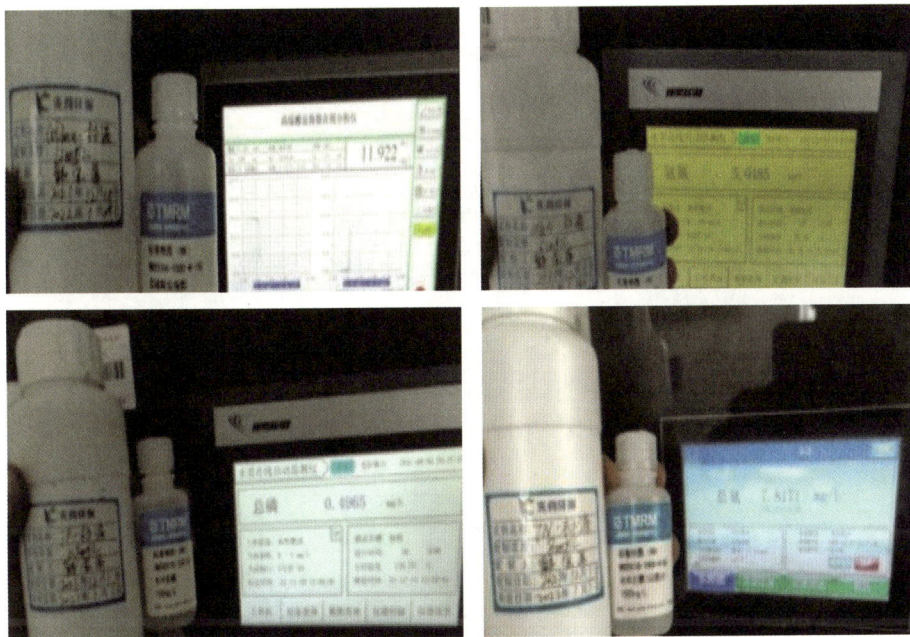

图 1-217 高锰酸盐指数、氨氮、总磷和总氮标液核查结果

图 1-218　下游闸口水样高锰酸盐指数、氨氮、总氮测试结果

图 1-219　采水口附近情况

图 1-220　下游 500 m 闸口

案例四

该水站位于浙闽片河流，为固定站，2022 年 11 月 11—18 日，高锰酸盐指数在Ⅲ～Ⅳ类波动，氨氮在Ⅲ～劣Ⅴ类波动，总磷在Ⅲ～Ⅴ类波动，溶解氧在Ⅰ～Ⅴ类波动。

11 月 17 日凌晨，距离水站上游 3 100 m 处某施工范围内发生污水满溢现象，且当月存在降雨。对高锰酸盐指数、氨氮、总磷、总氮进行标液核查，标液浓度分别为 7 mg/L、4 mg/L、0.4 mg/L、10 mg/L，核查结果为 7.13 mg/L、3.808 mg/L、0.398 mg/L、10.45 mg/L；对 15 日 17 时溶解氧开展水样比对，自动监测数据为 4.23 mg/L，比对结果为 4.20 mg/L，核查和比对结果均满足相关技术要求，判定为数据有效（详见图 1-221 至图 1-225 所示）。

图 1-221　高锰酸盐指数、总磷数据变化趋势

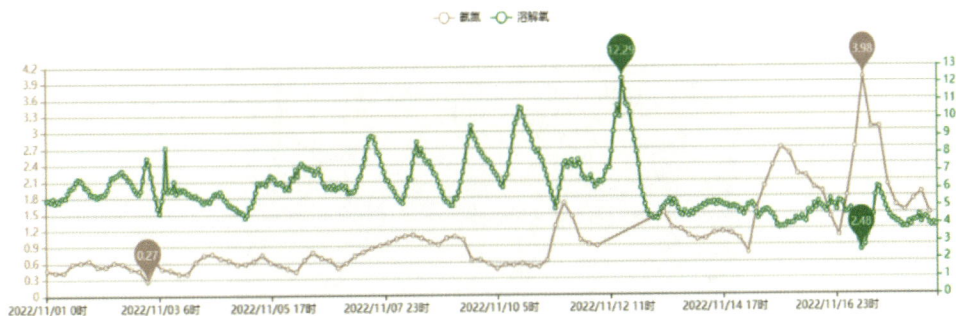

图 1-222　氨氮、溶解氧数据变化趋势

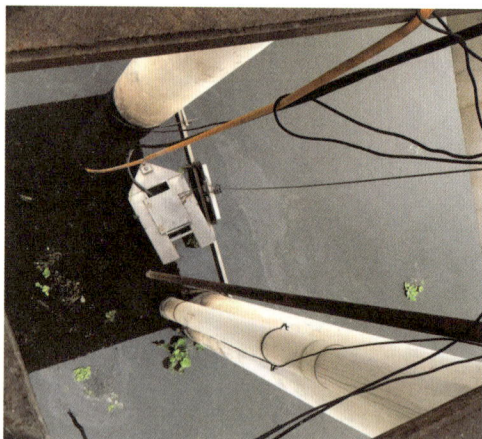

图 1-223　采水口附近情况

图 1-224　提升泵站大院施工范围内发生污水满溢

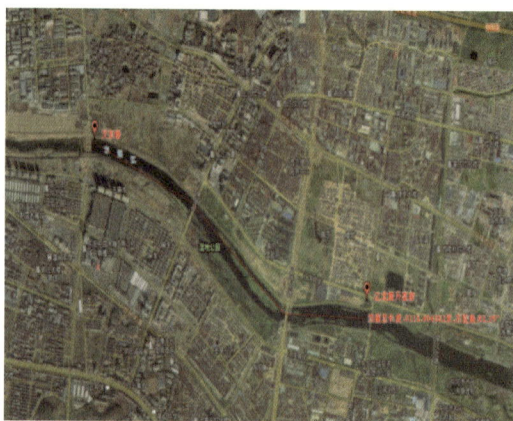

图 1-225　江北提升泵站大院与水站方位卫星图

案例五

该水站位于珠江流域，为固定站。自 2022 年 1 月 15 日起，高锰酸盐指数在Ⅲ～Ⅳ类波动，19 日 16 时达到最高值，为 6.56 mg/L。

采水口上游约 2 km 处有生活污水排放。对高锰酸盐指数进行标液核查，标液浓度为 9 mg/L，核查结果为 9.02 mg/L，核查结果均满足相关技术要求，判定为数据有效（详见图 1-226 至图 1-228 所示）。

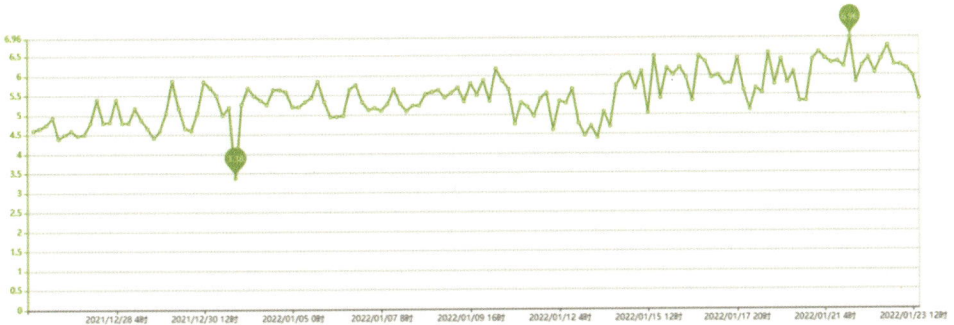

图 1-226　高锰酸盐指数数据变化趋势

图 1-227　上游污水排放情况

图 1-228　采水口附近情况

案例六

该水站位于西南诸河，为固定站。2021 年 11 月 1—30 日，总磷在Ⅲ～Ⅳ类波动，27 日 12 时达到最高值，为 0.202 mg/L；高锰酸盐指数为Ⅰ类，17 日

8 时达到最高值，为 1.85 mg/L；氨氮在 Ⅰ～Ⅱ类波动，18 日 0 时达到最高值，为 0.29 mg/L。

采水口上游 10 m 处有小溪汇入，上游 150 m 河岸两侧有大面积果蔬种植基地，下游 5 m 处有排水口。对总磷进行标液核查，标液浓度为 0.1 mg/L，核查结果为 0.099 mg/L；对 11 月 27 日 12 时总磷开展留样复测，自动监测数据为 0.202 mg/L，复测结果为 0.224 mg/L，核查和复测结果均满足相关技术要求，判定为数据有效（详见图 1-229、图 1-230 所示）。

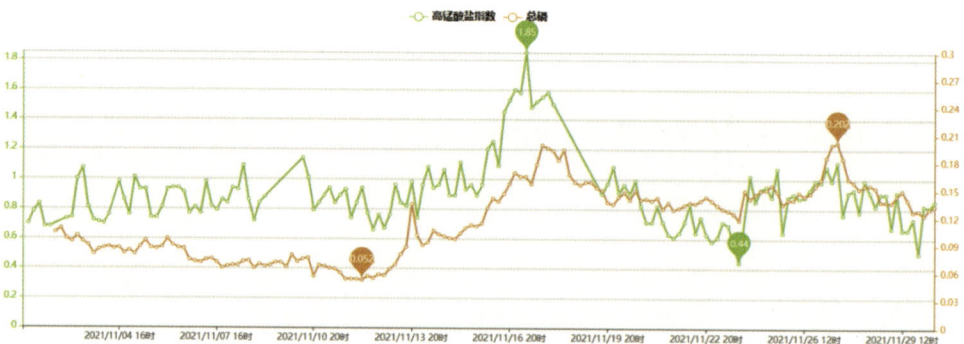

图 1-229　高锰酸盐指数、总磷数据变化趋势

图 1-230　采水口处及上下游情况

3.4.4　其他案例

案例一

该水站位于海河流域，为固定站，2021 年 11 月 1 日 0 时至 21 日 20 时，溶解氧数据波动异常。

11 月 26 日对五参数分析仪进行改造升级后溶解氧稳定在 9 mg/L 以上，

对零氧和饱和空气氧进行标液核查，核查结果为 0.08 mg/L、9.49 mg/L；对
11 月 20 日 16 时溶解氧进行沉砂池比对，自动监测数据为 8.17 mg/L，比对结
果为 8.48 mg/L，核查和比对结果均满足相关技术要求，判定为数据有效（详
见图 1-231、图 1-232 所示）。

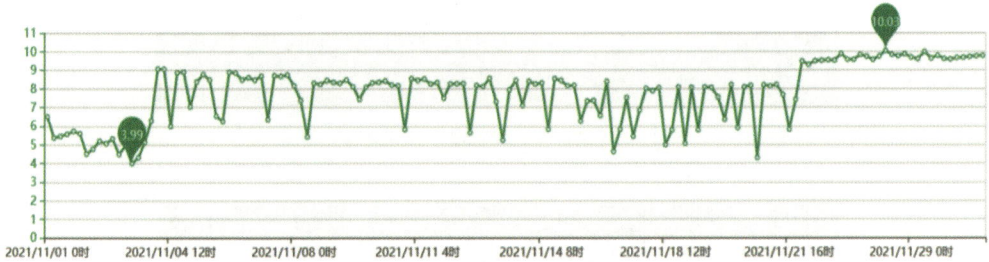

图 1-231　溶解氧数据变化趋势

图 1-232　采水口附近情况

案例二

该水站位于珠江流域，为固定站。该水站总磷仪器斜率 k 值备案范围为
1～3，2021 年 11 月 8 日校准完 k 值为 3.446 2，斜率范围申请修改为 0～5，
当月 25 日和 30 日分别对总磷进行了多点线性核查，核查结果均满足相关技
术要求，判定为数据有效（详见图 1-233 至图 1-235 所示）。

图 1-233　总磷仪器校准前参数

图 1-234　总磷仪器校准后参数

多点线性	集成干预	实际水样比对	加标回收					
开始测试时间	监测项目	单位	第1点	第2点	第3点	第4点	相关系数	操作
2021-11-25 09:58:27	高锰酸盐指数	mg/L	0.12	3.86	5.57	7.36	1.000	
2021-11-25 09:58:29	氨氮	mg/L	0.06	0.53	0.99	1.48	1.000	
2021-11-25 09:58:33	总磷	mg/L	-0.000 1	—	—	—		
2021-11-30 09:37:32	总磷	mg/L	0.000 2	0.096	0.211	0.414	0.999	
2021-11-25 09:58:38	总氮	mg/L	0	1.99	4.05	4.85	0.999	
2021-11-29 11:17:32	叶绿素a	mg/L	0	0.050	0.097	0.491	1.000	
2021-11-29 11:17:33	藻密度	cells/L	0	513 800.0	1 018 200.0	5 076 700.0	1.000	

图 1-235　总磷多点线性核查结果

案例三

该水站位于海河流域，为浮船站。10 月 14 日 8 时高锰酸盐指数量程由原来的 0～10 mg/L 切换为 0～20 mg/L，趋势出现波动，由 7.19 mg/L 降为

5.63 mg/L，仪器未能及时校准，水样不具有真实准确性，判定为数据无效（详见图 1-236、图 1-237 所示）。

图 1-236　采水口附近情况

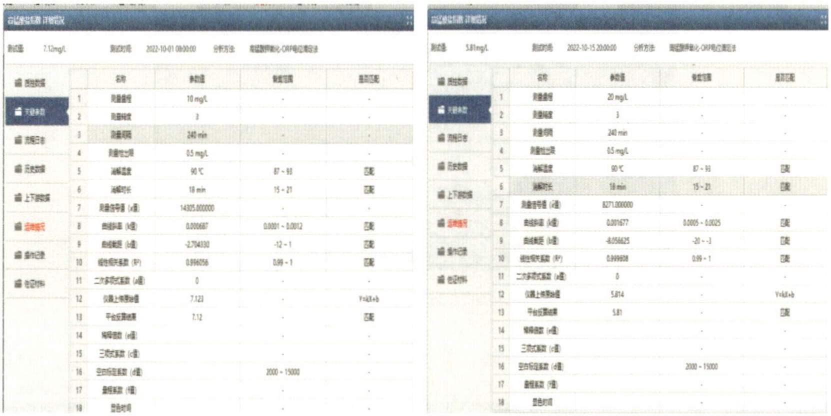

图 1-237　高锰酸盐指数量程切换前后对比情况

案例四

该水站位于滇池流域，为固定站。自 2022 年 11 月 14 日起，高锰酸盐指数在Ⅳ～劣Ⅴ类波动，11 月 16 日 0 时，曲线量程由原来的 0～10 mg/L 切换为 0～20 mg/L，4 时切换为 0～50 mg/L，且达到最高值 37.09 mg/L，仪器自动切换量程，后经多次校准，仪器恢复正常运行，判定未校准数据无效（详见图 1-238 至图 1-241 所示）。

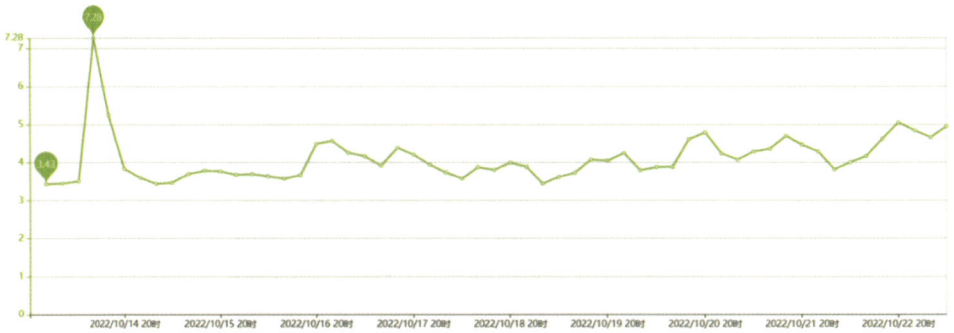

图 1-238　高锰酸盐指数数据变化趋势

经度：102.614725
纬度：24.662854

图 1-239　采水口附近情况

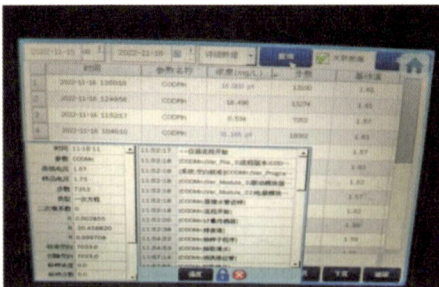

图 1-240　11 月 16 日高锰酸盐指数仪器校准

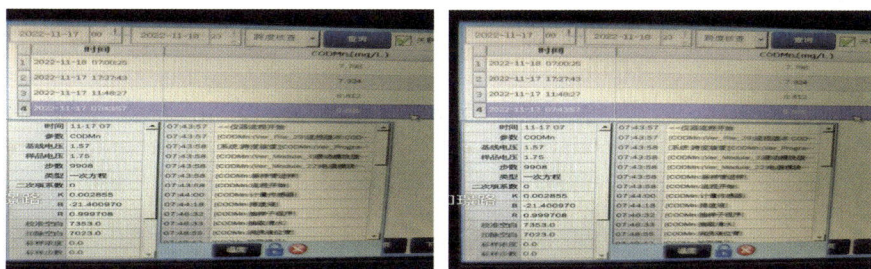

图 1-241 11 月 17 日高锰酸盐指数仪器校准

案例五

该水站位于长江流域，为固定站，2022 年 10 月 25 日 13 时至 11 月 17 日，溶解氧规律性波动。

现场采用两台不同功率的采水泵分时段采水，对 11 月 17 日 10 时和 11 时溶解氧进行原位比对，自动监测数据分别为 8.16 mg/L、9.64 mg/L，水泵一和水泵二比对结果分别为 8.21 mg/L、9.23 mg/L，比对结果均满足相关技术要求，判定为数据有效（详见图 1-242 所示）。

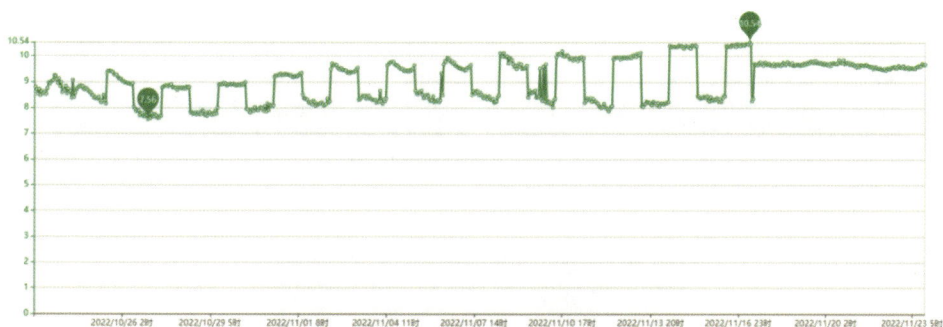

图 1-242 溶解氧数据变化趋势

案例六

该水站位于长江流域，为固定站，2022 年 10 月 8 日 4 时—10 月 10 日 20 时，总磷开始升高，其他参数无明显变化，10 月 9 日 6 时，总磷值高达 4.8 mg/L。水站上下游水质清澈，上游 2 km 范围内无排污口，水面呈灰绿色。

对 10 月 9 日总磷进行标液核查，标液浓度为 5 mg/L，核查结果为 4.984 mg/L；对 9 日 12 时总磷开展复测，自动监测数据为 4.821 mg/L，留样复测结果为 4.862 mg/L，同时对总磷仪器进行校准，均满足相关技术要求，判定为数据有效（详见图 1-243 至图 1-246 所示）。

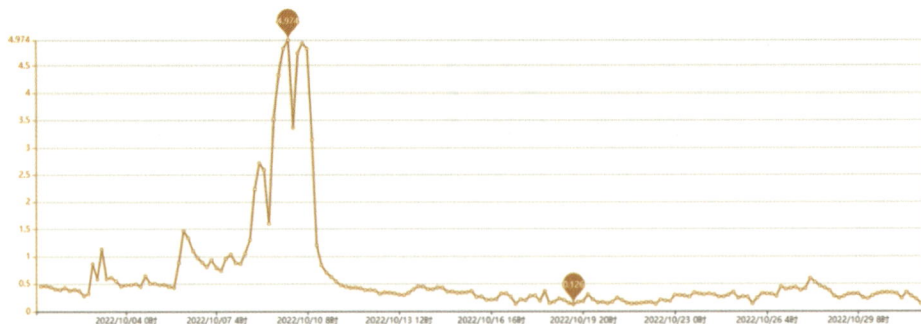

图 1-243　总磷数据变化趋势

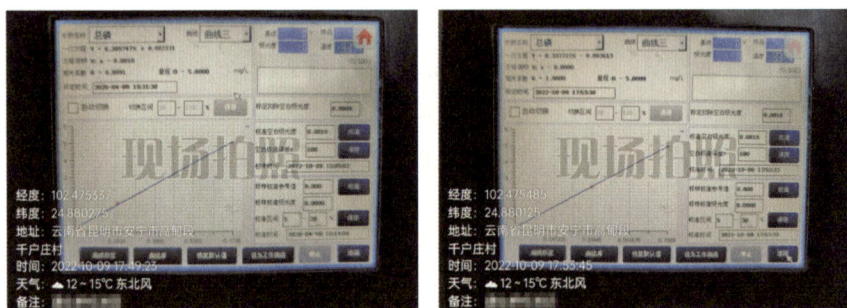

图 1-244　仪器校准前后

图 1-245　采水口附近情况

图 1-246　采水口上下游情况

案例七

该水站位于黄河流域入海口，为固定站，自 2022 年 10 月 8 日 17 时起，pH 由 9.05 下降到 8.31 并持续稳定。

该水站 pH 探头不稳定导致数据异常波动，10 月 17 日更换探头并进行电极校准后，对 10 日 pH 进行标液核查，标液浓度为 6.86，核查结果为 6.90，核查满足相关技术要求，判定为数据有效（详见图 1-247 至图 1-249 所示）。

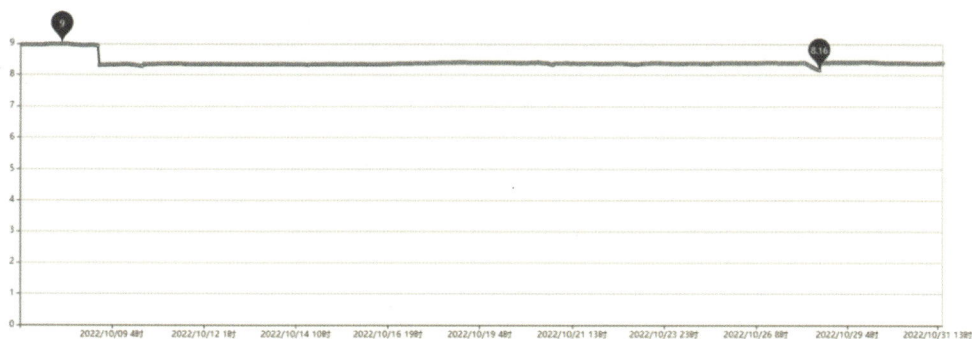

图 1-247　pH 数据变化趋势

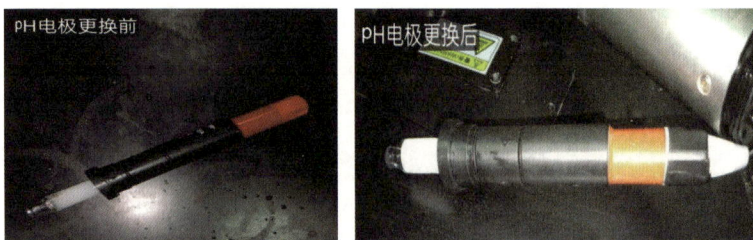

图 1-248　pH 电极更换前后

2022-11-24 10:57:21	2022-11-24 10:43:28	pH	无量纲	6.77	GBW(E)130071	6.86	-0.09	±0.15	否	合格
2022-11-17 09:50:56	2022-11-17 09:46:26	pH	无量纲	9.20	GBW(E)130072	9.18	0.02	±0.15	否	合格
2022-11-09 13:34:41	2022-11-09 13:28:43	pH	无量纲	6.89	GBW(E)130071	6.86	0.03	±0.15	否	合格
2022-11-04 13:54:16	2022-11-04 13:47:46	pH	无量纲	9.19	GBW(E)130072	9.18	0.01	±0.15	否	合格
2022-10-28 15:37:09	2022-10-28 15:31:52	pH	无量纲	6.87	GBW(E)130071	6.86	0.01	±0.15	否	合格
2022-10-21 10:50:10	2022-10-21 10:42:20	pH	无量纲	9.17	GBW(E)130072	9.18	-0.01	±0.15	否	合格
2022-10-10 12:54:30	2022-10-10 12:50:51	pH	无量纲	6.90	GBW(E)130071	6.86	0.04	±0.15	否	合格

图 1-249　周核查结果

第二章

地表水自动监测数据常见评价问题及典型案例

2

1　常见评价问题类型

数据评价中常见评价问题主要包括采水影响、海水倒灌影响、降雨影响、污染影响、浊度影响、水生植物影响、非正常运行等，其主要情况说明见表 2-1。

表 2-1　常见评价问题说明

序号	问题类型	情况说明
1	采水影响	因水泵位置异常、采水不具有代表性、采水管路过长等影响数据变化
2	海水倒灌影响	感潮断面因海水倒灌引起的数据波动
3	降雨影响	因降雨、水期、地域性差异等引起的数据异常
4	污染影响	因环境污染、污水泄漏等导致多参数数据变化
5	浊度影响	因施工影响、化冰期等引起的浊度逐步升高且超出系统抗浊度能力
6	水生植物影响	由水生植物的光合作用及呼吸作用而引起的数据昼夜规律波动
7	非正常运行	采送样、采样位置不规范、数据量不足 6 组、疫情影响等

2　数据评价影响分析

2.1　采水影响

依据《地表水水质自动监测站选址与基础　设施建设技术要求》，自动站采水建设需满足以下要求：

（1）采水装置取水口在不影响航道运行的前提下，应尽量靠近河道中泓线；取水口能够随水位变化调整，固定取水深度，同时与水体底部保持足够的距离，防止底质、淤泥对水样监测结果造成影响。采水点位水深大于 1 m 时，采水装置取水口应设置在水面下 0.5 m 处；采水点位水深在 0.5～1 m

时，采水装置取水口应设置在 1/2 水深处；采水点位水深不足 0.5 m 时，采水装置取水口宜设置在 1/2 水深处。

（2）站房位置与采水点位的距离不宜超过 300 m，枯水期不宜超过 350 m。

（3）采水单元采集的样品应能保证水样代表性。

（4）河流水质自动监测的采水点位一般选择在污染物浓度分布均匀、流速稳定的平直河段，采水点位与对应监测断面之间无支流、排污口汇入；湖库水质自动监测的采水点位能反映被监测湖库区域水质状况，避免设置在回水区、死水区、易淤积区。

依据《国家地表水水质自动监测数据审核技术细则（试行）》，下述情况自动监测数据明显受影响时，可不用于水质评价：

（1）受采水管路（管路长度大于 100 m）或采水位置影响，且溶解氧原位比对结果不合格，可将溶解氧的原位监测数据用于水质评价。

（2）采样位置水深低于 0.5 m 时明显受影响的监测数据。

（3）高原地区溶解氧若受海拔高度影响，可使用溶解氧饱和率折算结果进行水质评价。

（4）入河口或入湖口断面受到下游河水或湖水顶托导致水样代表性受到影响的监测数据。

2.2 海水倒灌影响

由于高盐水体对高锰酸盐指数等项目的监测分析会产生干扰，根据《水质 高锰酸盐指数的测定》（GB 11892—89）附录 A，当样品中氯离子浓度高于 300 mg/L 时，采用在碱性介质中，用高锰酸钾氧化样品中的某些有机物及无机还原性物质。依据《国家地表水水质自动监测数据审核技术细则（试行）》第十二条，感潮河段或高盐水体电导率高于系统抗盐度能力时段内受影响的监测数据可不参与水质评价。

2.3　降雨影响

不同降雨量会产生不同程度的地表水径流量，较大降雨甚至引发城市排水系统的泛滥和淹没等后果。判定为综合考虑不同水期及地域性差异因降雨引起的数据异常，根据水样是否具有代表性和自动监测系统抗浊度能力进行判断。

2.4　污染影响

按照国家特别重大、重大突发公共事件分级标准，遇特别重大、重大水旱、气象、地震、地质等自然灾害时，或因城镇生活污水处理厂、工业污染治理设施、畜禽养殖粪污治理设施、生活垃圾渗滤液处理设施等受到自然灾害严重破坏而无法达标排放导致考核断面受影响的监测数据可不参与水质评价。

2.5　浊度影响

高浊度导致仪器的光学系统受到干扰，影响了测量的精度和准确性。因浊度偏高引起的数据异常，水体浊度高于系统抗浊度能力时段内的监测数据不参与评价。

2.6　水生植物影响

若仅受水生生物光合作用及呼吸作用影响，导致溶解氧或 pH 成为单独定类指标时，溶解氧或 pH 自动监测数据可不参与水质评价。

2.7　数据量影响

指水站受高浊度、高盐度、低水位、采水管路、采水位置或停运等影

响，导致全月可参与评价的自动监测数据不足 6 条时，不使用自动监测数据
评价。

3 典型案例

3.1 采水影响

3.1.1 参与水质评价案例

案例一

该水站位于长江流域，采水位置位于某堤坝前，距离坝体 20～30 m 处，
采用浮杆式采水方法，水位变化时，浮杆位置会随之波动，加之距离坝体较
近，溶解氧数据存在波动情况。经过与现场监测数据比对，原位监测溶解氧
浓度为 3.15 mg/L，自动监测结果为 2.69 mg/L，比对合格，故溶解氧自动监
测数据可用于水质评价（详见图 2-1、图 2-2 所示）。

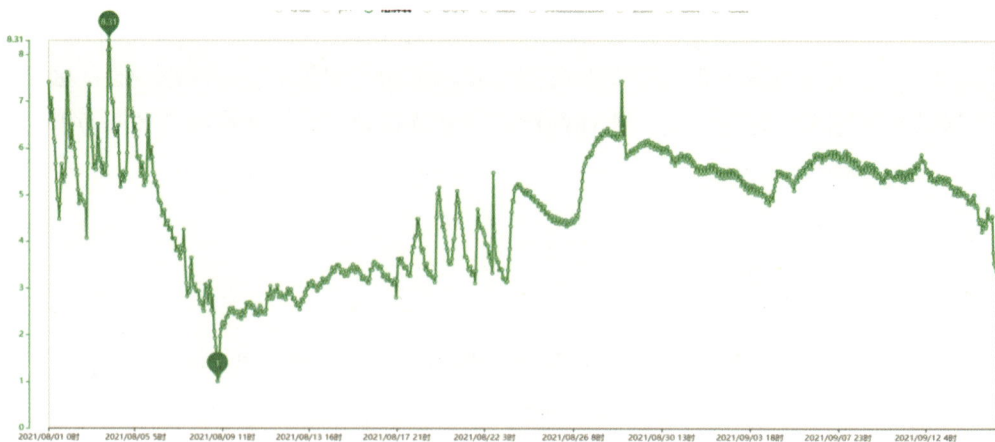

图 2-1 溶解氧数据变化趋势

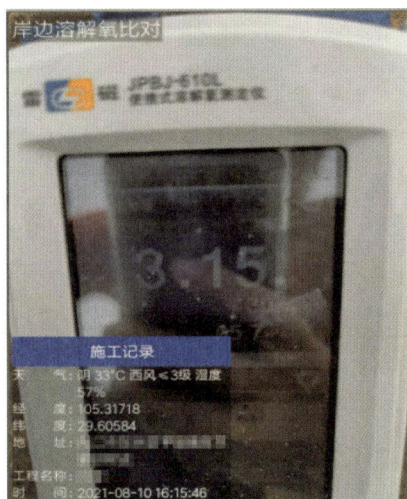

监测时间	水温/℃	pH/无量纲	溶解氧/(mg/L)
Ⅲ类标准限值		6~9	≥5
2021-08-11　0时	29.6	7.43	2.58
2021-08-10 23时	29.7	7.41	2.64
2021-08-10 22时	29.7	7.41	2.63
2021-08-10 21时	29.8	7.41	2.58
2021-08-10 20时	29.9	7.43	2.69
2021-08-10 19时	30.0	7.42	2.70
2021-08-10 18时	30.0	7.41	2.65
2021-08-10 17时	30.1	7.41	2.59
2021-08-10 16时	30.0	7.42	2.69
2021-08-10 15时	30.0	7.41	2.68
2021-08-10 14时	30.0	7.40	2.49
2021-08-10 13时	29.9	7.39	2.41
2021-08-10 12时	29.7	7.41	2.52
2021-08-10 11时	29.7	7.40	2.52

图 2-2　溶解氧原位比对合格

案例二

该水站位于淮河流域，采水管路长约 200 m，疑似受管路长度影响，溶解氧波动较大。经过与现场监测数据的比对，原位监测溶解氧浓度为 7.4 mg/L，自动监测结果为 7.35 mg/L，比对合格，故溶解氧自动监测数据可用于水质评价（详见图 2-3、图 2-4 所示）。

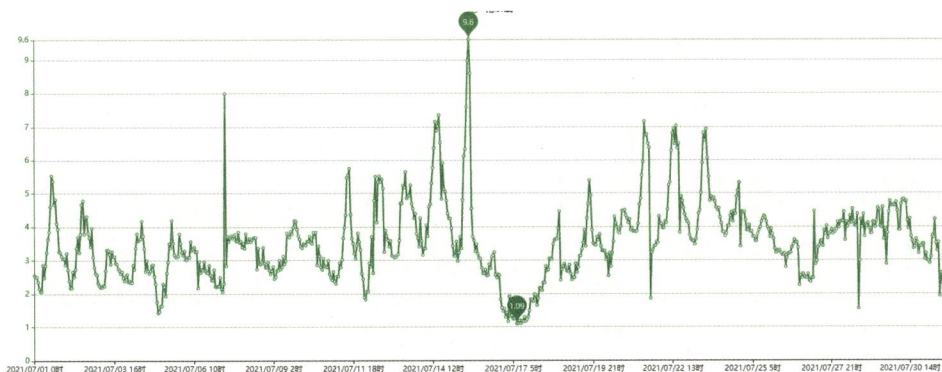

图 2-3　溶解氧数据变化趋势

监测时间	水温/℃	pH/无量纲	溶解氧/(mg/L)
Ⅲ类标准限值		6~9	≥5
2021-07-14 23时	30.6	7.11	4.78
2021-07-14 22时	30.7	7.13	5.05
2021-07-14 21时	30.8	7.15	5.12
2021-07-14 20时	31.3	7.23	5.91
2021-07-14 19时	31.9	7.25	4.83
2021-07-14 18时	31.3	7.27	6.53
2021-07-14 17时	32.0	7.48	7.35
2021-07-14 16时	31.9	6.39	7.02
2021-07-14 15时	32.0	7.43	6.88
2021-07-14 14时	31.8	7.32	7.15
2021-07-14 13时	31.4	7.24	6.36

图 2-4　溶解氧原位比对合格

案例三

该水站位于海河流域潮河，自汛期以来，降雨频繁，上游泄洪，采水浮筒随水浮动较大，溶解氧波动明显。经核实，整月采水规范，原位监测溶解氧与现场监测数据的比对合格，数据能够反映真实水质情况，故溶解氧自动监测数据可用于水质评价（详见图 2-5、图 2-6 所示）。

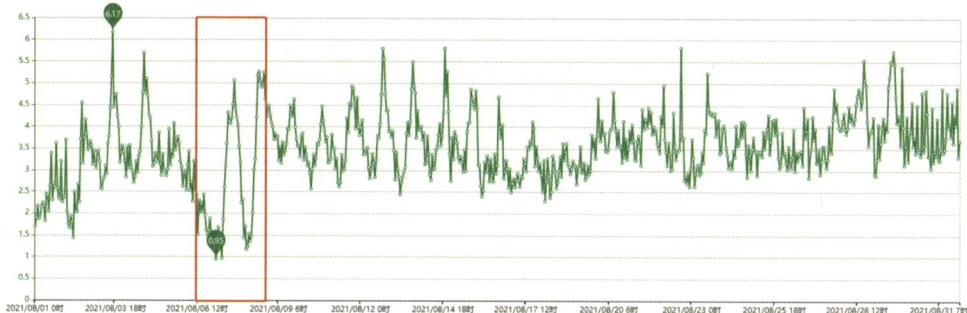

图 2-5　溶解氧数据变化趋势

图 2-6 采水口附近情况

案例四

该水站位于浙闽片河流，2021 年 10 月上中旬，因上游水电站下泄流量减少，该水站采水口水位下降，溶解氧数据疑似受此影响超标。经核实，水位降低后采水水位仍满足 0.5 m 要求，且经过与现场监测数据比对，原位监测溶解氧浓度为 3.91 mg/L，自动监测结果为 3.83 mg/L，比对合格，数据能够反映真实水质情况，故溶解氧自动监测数据可用于水质评价（详见图 2-7 至图 2-9 所示）。

图 2-7 溶解氧数据变化趋势

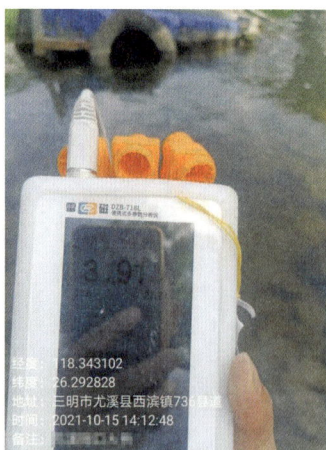

监测时间	水温/℃	pH/无量纲	溶解氧/(mg/L)
III类标准限值		6~9	≥5
2021-10-15 21时	26.1	6.56	3.13
2021-10-15 20时	26.2	6.60	3.12
2021-10-15 19时	26.3	6.58	3.23
2021-10-15 18时	26.4	6.54	3.35
2021-10-15 17时	26.6	6.66	3.47
2021-10-15 16时	26.8	6.59	3.63
2021-10-15 15时	26.9	6.63	3.73
2021-10-15 14时	27.1	6.67	3.83
2021-10-15 13时	27.0	6.68	3.76
2021-10-14 23时	26.4	6.63	2.96
2021-10-14 22时	26.5	6.64	3.04
2021-10-14 21时	26.5	6.66	3.08
2021-10-14 20时	26.5	6.64	3.07
2021-10-14 19时	26.6	6.64	3.08

图 2-8　溶解氧原位比对合格

图 2-9　水位下降前后采水口附近情况

案例五

该水站位于长江流域，采水管路长约 300 m，疑似受管路长度影响，溶解氧波动较大。经与现场监测数据比对，原位监测溶解氧浓度为 5.75 mg/L，自动监测结果为 5.63 mg/L，比对合格，故溶解氧自动监测数据可用于水质评价（详见图 2-10、图 2-11 所示）。

图 2-10 溶解氧数据变化趋势

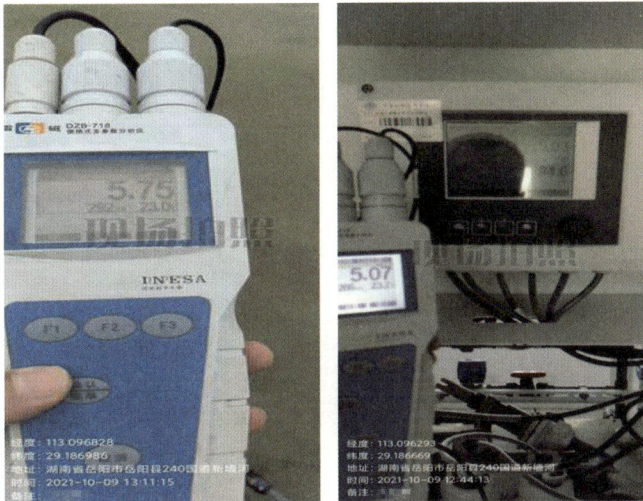

图 2-11 溶解氧原位比对（左）与沉砂池比对（右）

案例六

该水站位于长江流域，2022 年 10 月中旬受干旱影响，采水口水位降至 0.5 m 以下，但同时段自动监测未出现明显波动，各指标变化趋势稳定，并未 受水位过低影响，数据可用于水质评价（详见图 2-12、图 2-13 所示）。

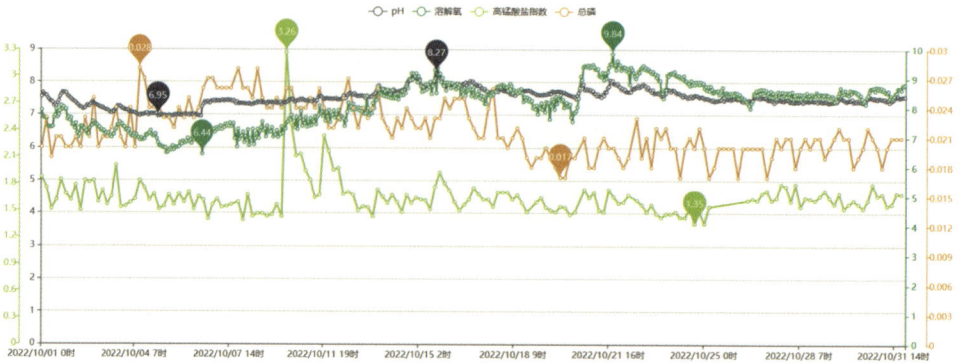

图 2-12　各参数数据变化趋势

图 2-13　采水口附近情况

案例七

该水站位于珠江流域罗带河，2021 年 3 月某河桥防洪改建工程施工，河道被部分拦截，在河流左侧留置 2 根直径 1.5 m 的排水管用于水流下泄，采水口处水流缓慢。此期间按规定开展运维，自动仪器监测数据能够反映真实水质情况，故自动监测数据可用于水质评价（详见图 2-14 所示）。

图 2-14　现场施工

3.1.2　不参与水质评价案例

案例一

该水站位于海河流域，2021 年 8 月中旬溶解氧数据异常偏低。经核实，因多日连续降雨，采水口处水位上涨约 4 m，导致采样深度降至水面以下约 5 m，采水深度不符合规范。经过与现场监测数据比对，原位监测溶解氧浓度为 4.36 mg/L，自动监测结果为 3.35 mg/L，比对不合格，故该时段溶解氧自动监测数据不可用于水质评价（详见图 2-15、图 2-16 所示）。

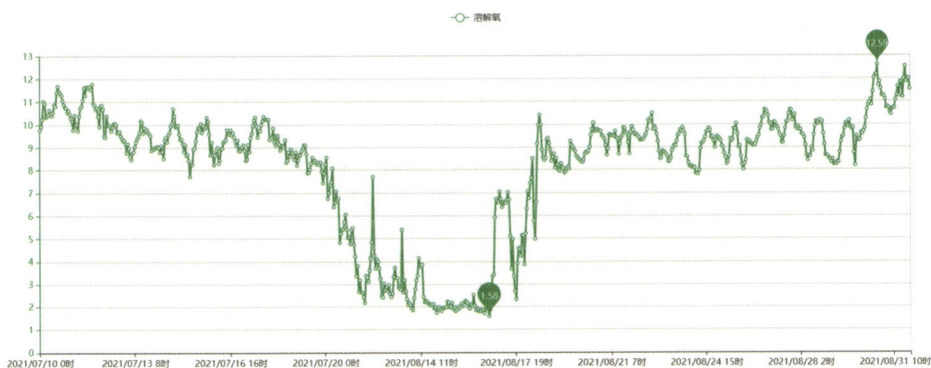

图 2-15　溶解氧数据变化趋势

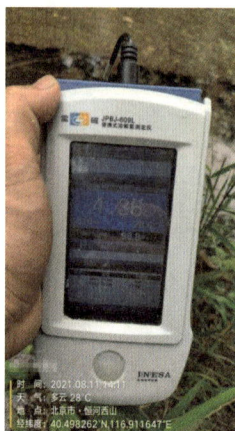

监测时间	水温/℃	pH/无量纲	溶解氧/(mg/L)
Ⅲ类标准限值		6~9	≥5
2021-08-11 17时	25.2	7.47	3.17
2021-08-11 16时	25.4	7.49	2.66
2021-08-11 15时	25.9	7.62	3.80
2021-08-11 14时	26.0	7.61	3.35
2021-08-11 13时	26.7	7.75	4.21
2021-08-11 12时	26.7	7.84	4.74
2021-08-11 11时	26.4	7.89	5.46
2021-08-11 10时	26.6	7.93	5.36
2021-08-11 09时	26.7	7.80	4.75
2021-08-11 08时	26.8	7.88	5.06

图 2-16　溶解氧原位比对不合格

案例二

该水站位于长江流域，为湖库浮船站，受湖面风浪影响，2021 年 10 月 24—29 日船体偏移原采水点位约 200 m，其间 pH、溶解氧监测数据受到影响，数据不具有代表性，故 10 月 24—29 日自动仪器监测数据不可用于水质评价（详见图 2-17、图 2-18 所示）。

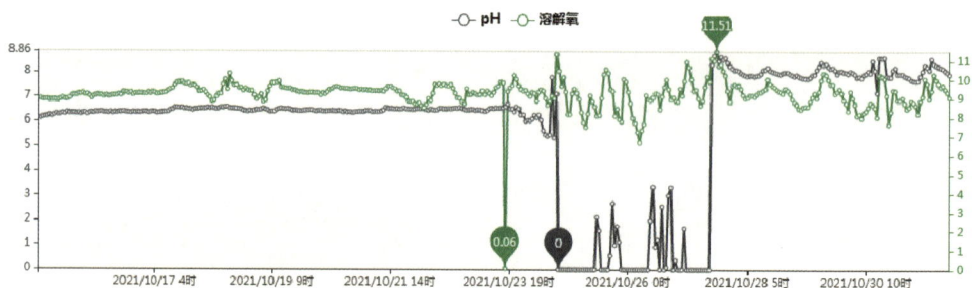

图 2-17　pH、溶解氧数据变化趋势

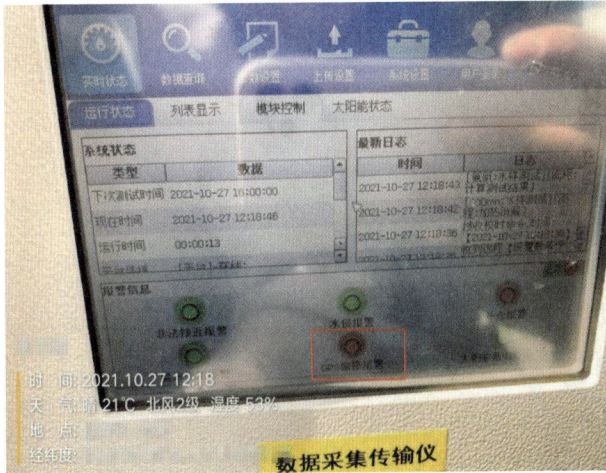

图 2-18 数据采集传输仪 GPS 偏移报警

案例三

该水站位于长江流域，为湖库浮船站，受湖面风浪影响，2021 年 10 月中旬被吹至浅滩淤泥处，直至 11 月中旬被拖回原点位。其间浊度与总磷数据波动较大，且呈正相关，故船体位移后浊度大于系统抗浊度能力时段的总磷自动监测数据不可用于水质评价（详见图 2-19 至图 2-21 所示）。

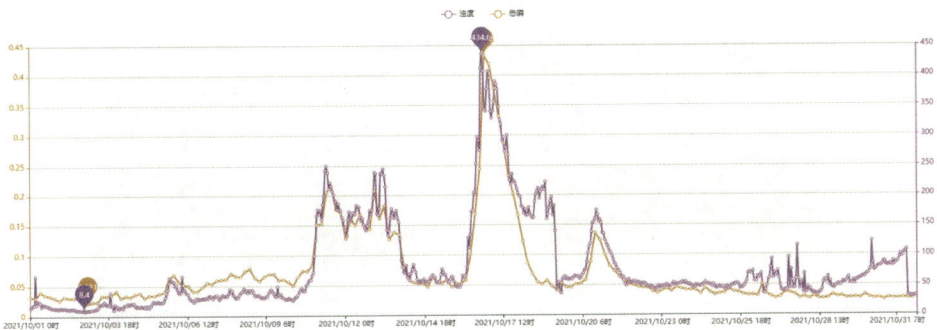

图 2-19 浊度、总磷数据变化趋势

图 2-20　浮船 10 月中旬船体位移至浅滩淤泥处

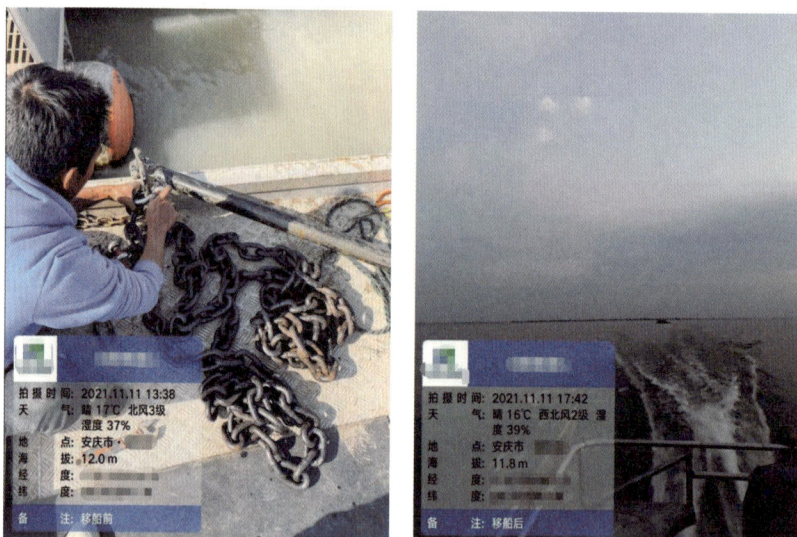

图 2-21　浮船 11 月中旬船体复位至原点位

案例四

该水站位于长江流域，建于某净水厂内，取水装置设在水厂沉淀池中。
2021 年 4 月，水厂向沉淀池中投加絮凝剂，产生的底泥对总磷数据造成较大影响，故期间总磷自动监测数据不可用于水质评价（详见图 2-22 所示）。

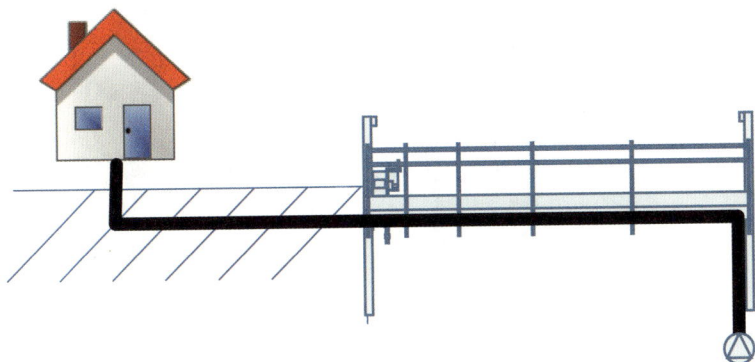

图 2-22 采水位置示意图

案例五

该水站位于淮河流域，采水管路长约 300 m，疑似受管路长度影响溶解氧异常偏低。经过与现场监测数据比对，原位监测溶解氧浓度为 5.7 mg/L，自动监测结果为 3.00 mg/L，比对不合格，故溶解氧自动监测数据不可用于水质评价，采用溶解氧原位比对数据作为评价数据（详见图 2-23、图 2-24 所示）。

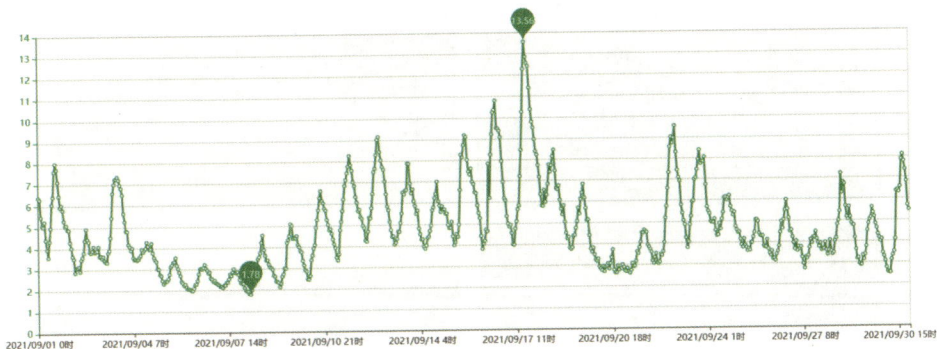

图 2-23 溶解氧数据变化趋势

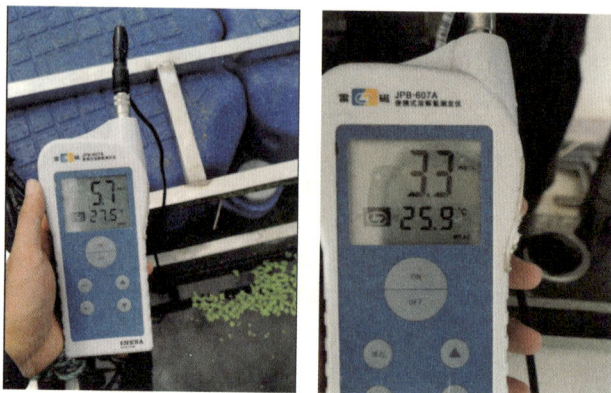

图 2-24　溶解氧原位比对（左）和沉砂池比对（右）

案例六

该水站位于海河流域，2021 年 5 月 8—12 日，因河道水位下降，采水设施沉底，导致抽取到河底污染物，监测结果显示数据超标，采水设施沉底期间自动监测数据已做无效处理，故当月其他时段的自动监测数据可用于水质评价（详见图 2-25、图 2-26 所示）。

图 2-25　更换采水泵、重新铺设采水管路

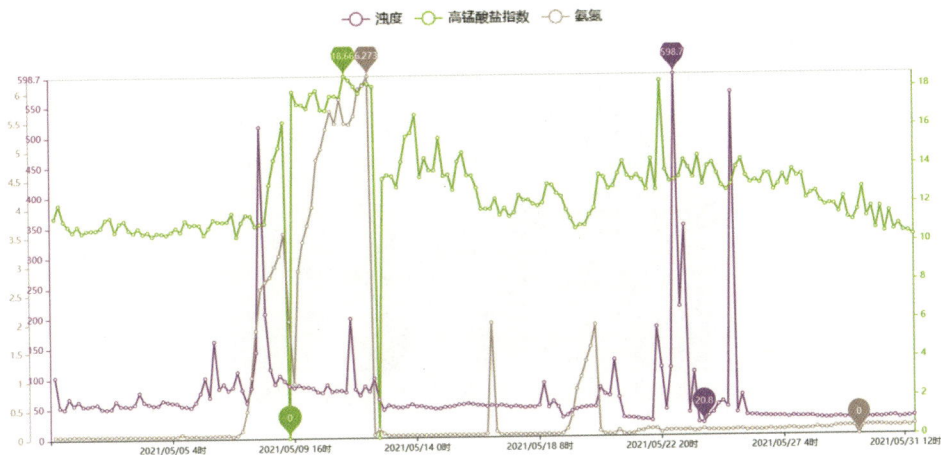

图 2-26　浊度、高锰酸盐指数、氨氮数据变化趋势

案例七

该水站位于长江流域，采水装置设置于某自来水厂取水泵房深井内，水厂取水方式为通过湖底的取水槽自流进入泵站，所取水样为水体深层水。受天气、温差等影响，溶解氧数据出现超标情况。经过与现场监测数据比对，原位监测溶解氧浓度为 5.49 mg/L，自动监测结果为 3.54 mg/L，比对不合格，故溶解氧自动监测数据不可用于水质评价，采用溶解氧原位监测数据作为本月评价数据（详见图 2-27 至图 2-29 所示）。

图 2-27　溶解氧数据变化趋势

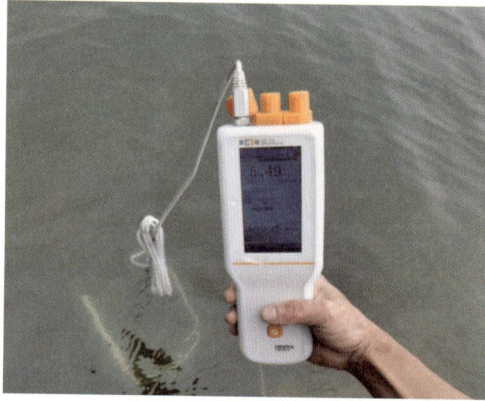

图 2-28 溶解氧原位比对

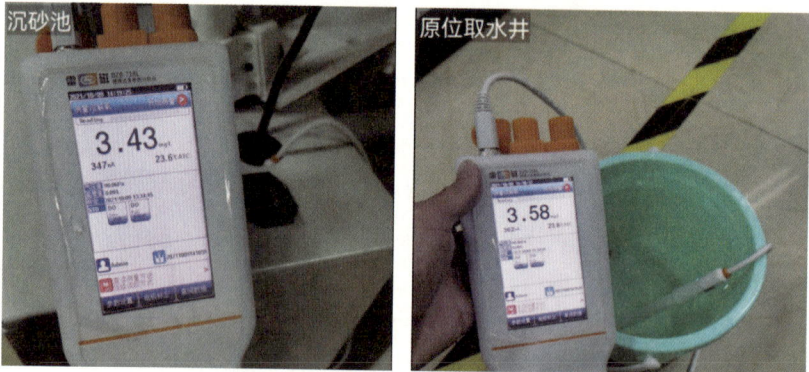

图 2-29 溶解氧沉砂池、原位取水井比对

案例八

　　该水站位于海河流域，采水管路长约 1 000 m，疑似受管路长度影响，溶解氧数据偏低。经过与现场监测数据比对，原位监测溶解氧浓度为 14.98 mg/L，自动监测结果为 0.06 mg/L，比对不合格，故溶解氧自动监测数据不可用于水质评价，采用原位比对数据作为本月评价数据（详见图 2-30、图 2-31 所示）。

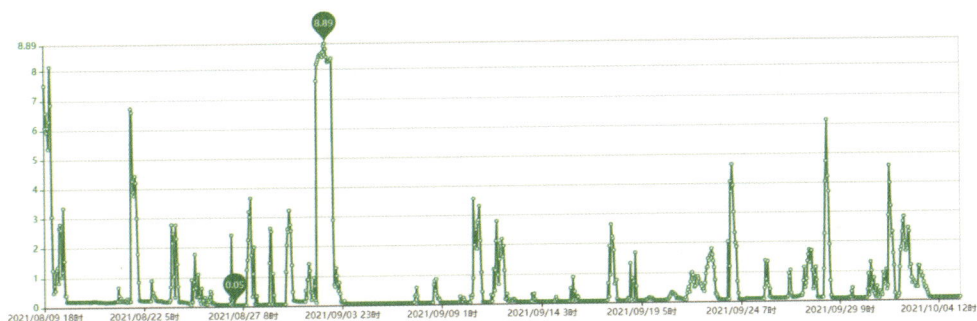

图 2-30　溶解氧数据变化趋势

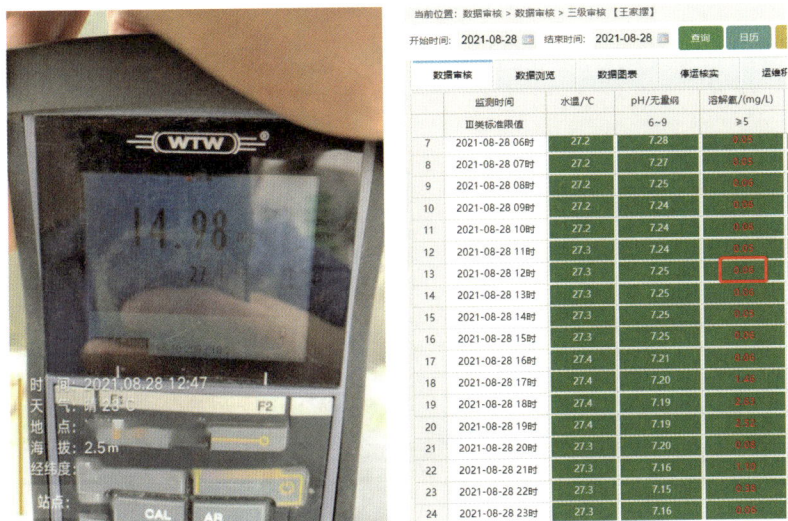

图 2-31　溶解氧原位比对不合格

案例九

该水站位于淮河流域，采水管路长约 300 m，疑似受管路长度影响，溶解氧数据偏低。经过与现场监测数据比对，原位监测溶解氧浓度为 6.74 mg/L，自动监测结果为 3.76 mg/L，比对不合格，故溶解氧自动监测数据不可用于水质评价，采用原位比对数据作为本月评价数据（详见图 2-32、图 2-33 所示）。

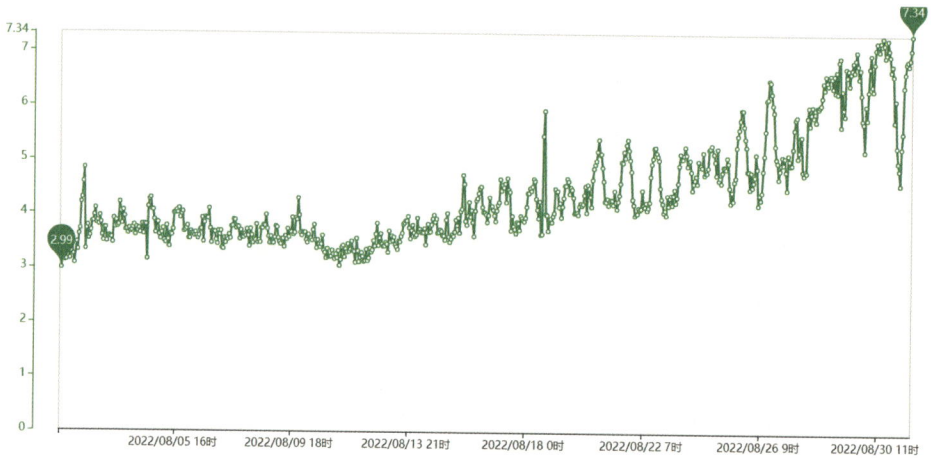

图 2-32　溶解氧数据变化趋势

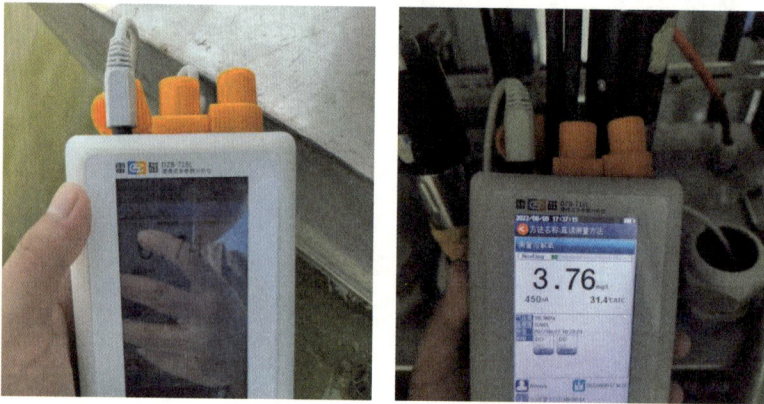

图 2-33　溶解氧原位比对（左）和沉砂池比对（右）

案例十

该水站位于海河流域，2023 年 1 月，受冬季枯水期天然径流量偏小、天气严寒冰冻严重的影响，采样船位置水流不畅出现死水区，溶解氧数据出现超标情况。经过与现场监测数据比对，原位监测溶解氧浓度为 12.6 mg/L，自动监测结果 2.23 mg/L，比对不合格，故溶解氧自动监测数据不可用于水质评价，采用溶解氧原位比对数据作为本月评价数据（详见图 2-34 至图 2-36所示）。

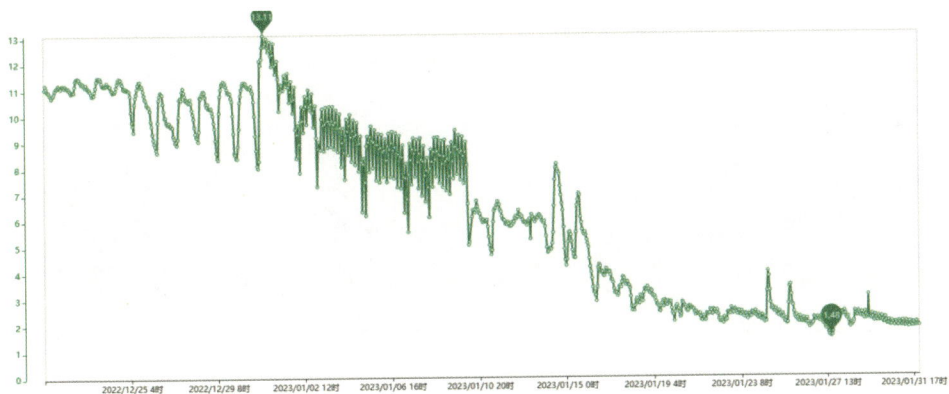

图 2-34 溶解氧数据变化趋势

图 2-35 溶解氧原位比对结果

图 2-36 采水口附近情况

案例十一

该水站位于黄河流域，2022 年 3 月，水站上游施工导致河道断流，3 月 1—15 日采水口处于死水区，自动监测数据不能客观反映真实水质状况，故上述时段九参数数据不可用于水质评价，其他时间段数据正常评价（详见图 2-37 至图 2-39 所示）。

图 2-37　上游施工情况

图 2-38　河道断流现状

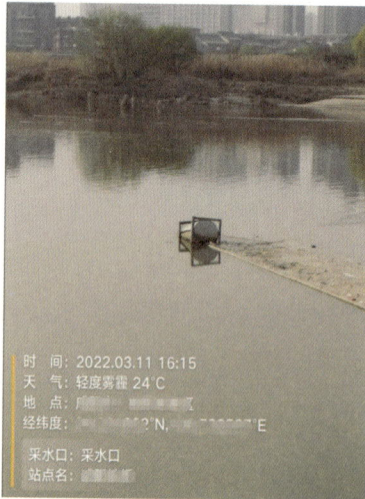

图 2-39　采水口上游及采水口附近情况

案例十二

该水站位于珠江流域，2021 年 6 月，运维人员巡检时发现采水管路被贝壳等杂物堵住，且内部滋生藻类，导致采水速度降低，水位无法达到溶解氧探头深度，溶解氧数据波动较大。清理采水管路后，溶解氧明显上升，故受影响时段溶解氧自动监测数据不可用于水质评价（详见图 2-40 至图 2-42 所示）。

图 2-40　溶解氧受采水管路堵塞影响期间数据

图 2-41　采水管路被贝壳等杂物堵住

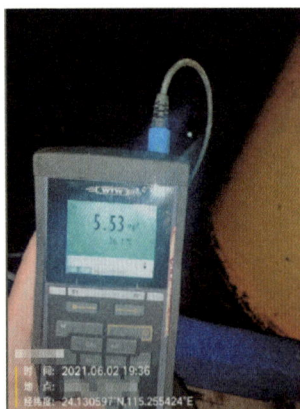

图 2-42　清理后溶解氧原位比对合格

3.2　海水倒灌影响

3.2.1　参与水质评价案例

案例一

该水站位于珠江流域，海水倒灌显著，电导率较高且波动较大。2023 年 3 月 25—31 日，当地连续降雨，水质变差，电导率降低，各参数浓度变高，故自动监测未受到明显的盐度影响，反映真实水质状况，可用于水质评价（详见图 2-43 所示）。

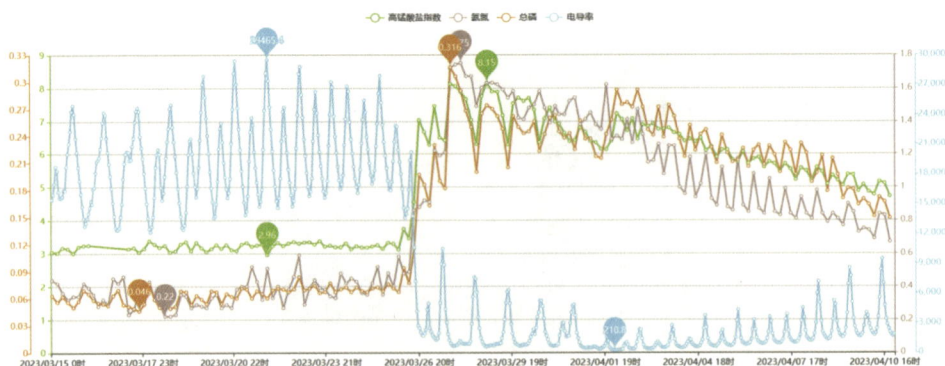

图 2-43　各参数数据变化趋势

案例二

该水站位于珠江流域入海口，受海水倒灌影响，电导率波动较大且部分时段浓度较高，高锰酸盐指数与电导率无明显相关，高锰酸盐指数自动监测数据受盐度影响不显著，可用于水质评价（详见图 2-44 所示）。

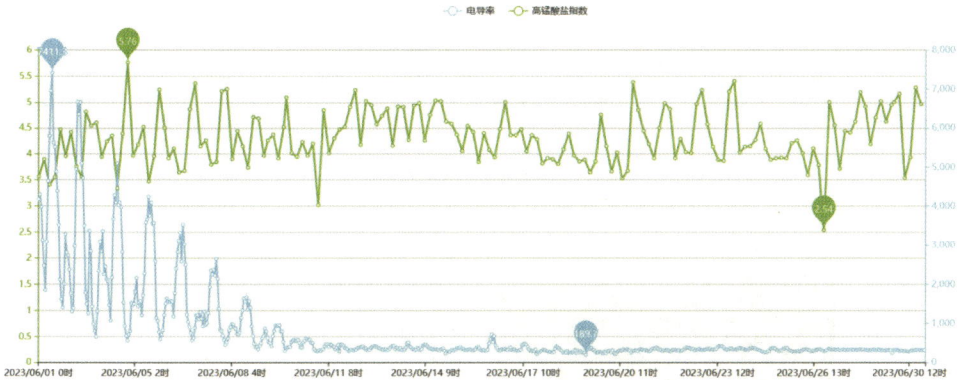

图 2-44　电导率、高锰酸盐指数数据变化趋势

案例三

该水站位于珠江流域，受海水倒灌影响，自动监测数据波动较大，与电导率呈正相关，但未超出系统抗盐度能力，故自动监测数据可用于水质评价（详见图 2-45 所示）。

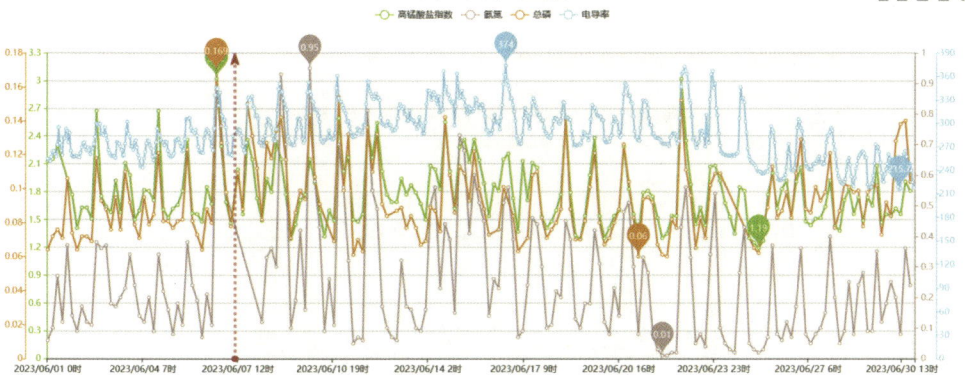

图 2-45　各参数数据变化趋势

案例四

该水站位于浙闽片河流，受海水倒灌影响，电导率长期高位规律波动。在电导率 34 400.0 μS/cm 时高锰酸盐指数自动监测与实验室监测结果比对合格，数据能够反映高盐度水体真实水质状况，故高锰酸盐指数自动监测数据可用于水质评价（详见图 2-46、图 2-47 所示）。

图 2-46　电导率、高锰酸盐指数数据变化趋势

监测项目	单位	系统自动测样	实验室分析	误差
采样时间：**2022-10-15 12时** 文件上传				
水温	℃	20.9	21.0	-0.1
pH	无量纲	7.80	7.78	0.02
溶解氧	mg/L	8.58	8.45	0.13
电导率	μS/cm	34 531.8	34 400.0	0.4%
浊度	NTU	2 301.5	1 566.3	—
高锰酸盐指数	mg/L	5.08	5.60	-9.3%

图 2-47　电导率、高锰酸盐指数自动监测结果与实验室结果

案例五

该水站位于珠江流域东江南支流入海口，海水倒灌显著，电导率波动较大，溶解氧的波动与电导率明显正相关。经过与现场监测数据的比对，原位监测溶解氧浓度为 3.71 mg/L，自动监测结果为 3.74 mg/L，比对合格，故溶解氧自动监测数据可用于水质评价（详见图 2-48、图 2-49 所示）。

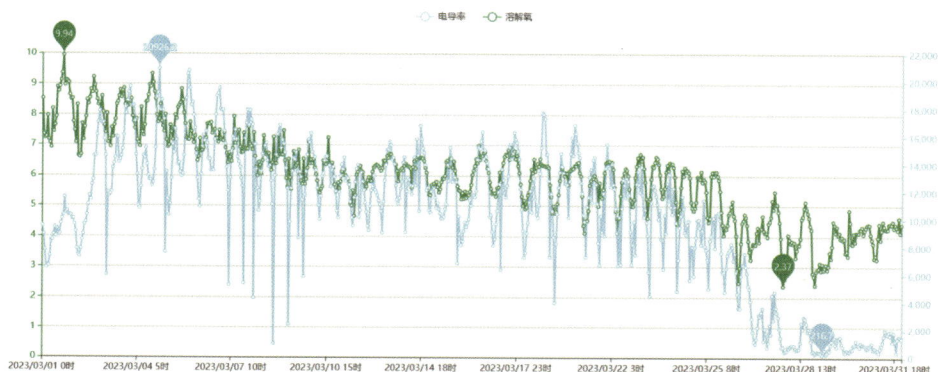

图 2-48　电导率、溶解氧数据变化趋势

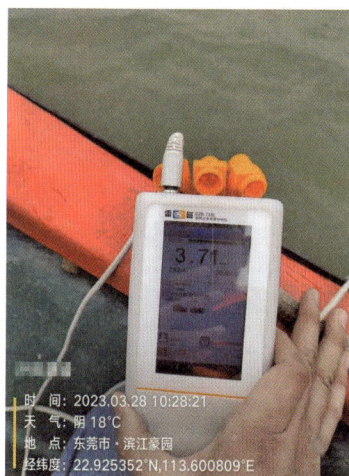

监测时间	水温/℃	pH/无量纲	溶解氧/(mg/L)
Ⅲ类标准限值		6~9	≥5
75	2023-03-28 21时	21.9	6.97	4.23
76	2023-03-28 20时	22.1	7.00	4.36
77	2023-03-28 19时	22.0	7.01	4.62
78	2023-03-28 18时	22.0	7.00	4.77
79	2023-03-28 17时	22.2	7.12	4.90
80	2023-03-28 16时	22.4	7.12	5.13
81	2023-03-28 15时	22.3	7.09	4.94
82	2023-03-28 14时	22.2	7.06	4.66
83	2023-03-28 13时	22.2	7.01	4.58
84	2023-03-28 12时	21.8	6.92	3.94
85	2023-03-28 11时	21.8	6.89	3.72
86	2023-03-28 10时	21.8	6.90	3.74
87	2023-03-28 09时	21.8	6.95	3.55
88	2023-03-28 08时	21.8	6.91	3.31
89	2023-03-28 07时	21.8	6.91	3.81
90	2023-03-28 06时	21.8	6.90	3.76
91	2023-03-28 05时	21.8	6.91	3.84

图 2-49　溶解氧原位比对合格

3.2.2　不参与水质评价案例

案例一

该水站位于浙闽片河流敖江入海口，受海水倒灌影响，高锰酸盐指数波动较大，超出系统抗盐度能力时段的高锰酸盐指数自动监测数据可不用于水质评价（详见图 2-50 所示）。

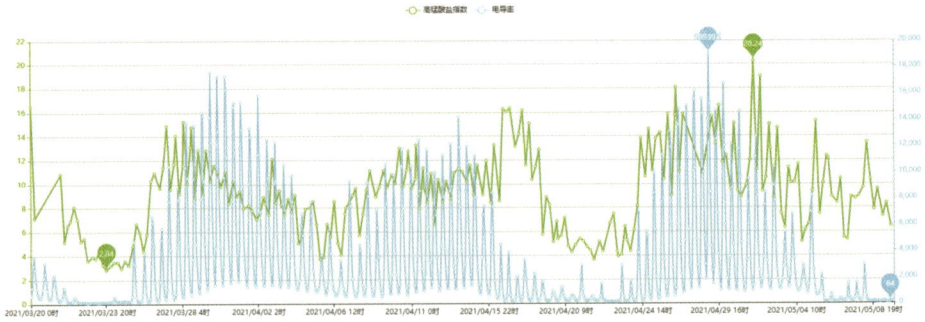

图 2-50　电导率、高锰酸盐指数数据变化趋势

案例二

该水站位于浙闽片河流九龙江入海口，长期海水倒灌，退潮时浊度较高，受浊度影响总磷波动较大，超出系统抗浊度能力时段的总磷自动监测数据可不用于水质评价（详见图 2-51 所示）。

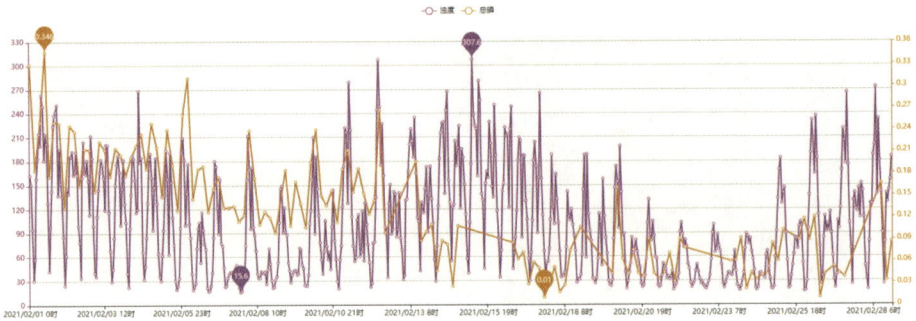

图 2-51　浊度、总磷数据变化趋势

案例三

该水站位于珠江流域，受海水倒灌影响，电导率部分时段较高，且高锰酸盐指数与电导率趋势一致，超出系统抗盐度能力时段的高锰酸盐指数自动监测数据可不用于水质评价（详见图 2-52 所示）。

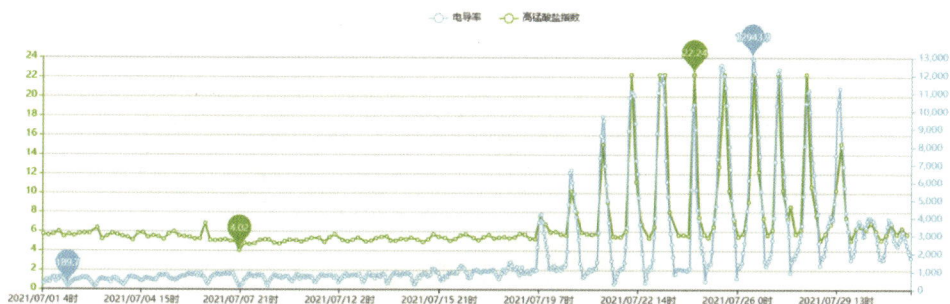

图 2-52　电导率、高锰酸盐指数数据变化趋势

案例四

该水站位于海河流域，受海水倒灌影响，电导率部分时段较高，且高锰酸盐指数与电导率趋势一致，超出系统抗盐度能力时段的高锰酸盐指数数据可不用于水质评价（详见图 2-53 所示）。

图 2-53　电导率、高锰酸盐指数数据变化趋势

案例五

该水站位于淮河流域，受海水倒灌影响，电导率整月超出系统抗盐度能力，且当月高锰酸盐指数自动监测数据与实验室数据比对不合格，故高锰酸盐指数自动监测数据可不用于水质评价（详见图 2-54、图 2-55 所示）。

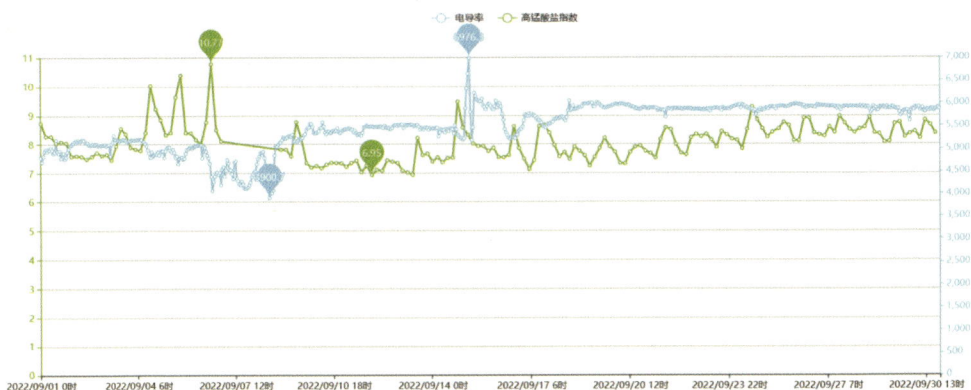

图 2-54　电导率、高锰酸盐指数数据变化趋势

监测项目	单位	仪器测试值	实验室测试	误差	技术要求	是否合格
□ 采样时间：2022-09-13 12时　未上传						
水温	℃	25.4	25.2	0.2	±0.5℃	合格
pH	无量纲	7.82	7.68	0.14	±0.5	合格
溶解氧	mg/L	9.45	9.65	—	—	合格
电导率	μS/cm	5 513.4	5 520.0	-0.12%	±10%	合格
浊度	NTU	24.0	11.8	—	—	合格
高锰酸盐指数	mg/L	8.22	5.80	41.70%	±30%	不合格

图 2-55　电导率、高锰酸盐指数自动监测数据与实验室数据比对不合格

3.3　降雨影响

3.3.1　参与水质评价案例

案例一

该水站位于浙闽片河流，2021 年 5 月 24—26 日、5 月 30 日突降暴雨，高锰酸盐指数、氨氮、总磷、总氮数据逐步升高，全月浊度最高为 27 NTU，未超出系统抗浊度能力，仪器性能稳定，降雨期间数据可用于水质评价（详见图 2-56 所示）。

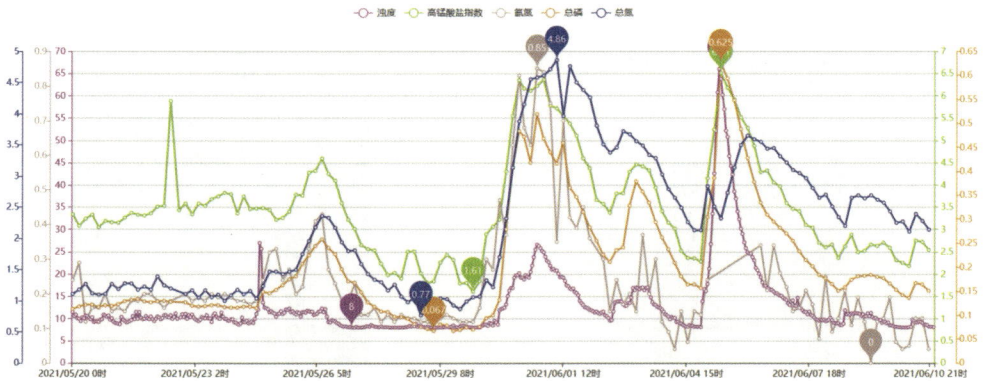

图 2-56　降雨前后各参数数据变化趋势

案例二

该水站位于珠江流域，2021 年 6 月底遭遇连续暴雨，溶解氧逐渐降低并超标。经过与现场监测数据比对，原位监测溶解氧浓度为 1.35 mg/L，自动监测结果为 1.68 mg/L，比对合格，数据能够反映真实水质情况，故溶解氧自动监测数据可用于水质评价（详见图 2-57、图 2-58 所示）。

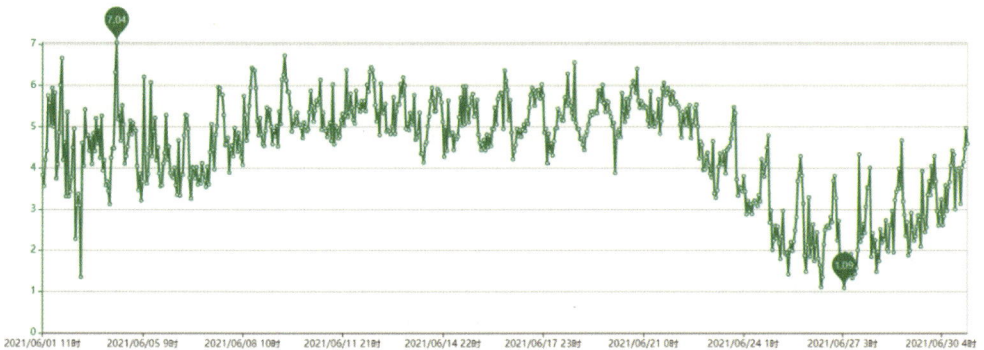

图 2-57　溶解氧数据变化趋势

图 2-58　溶解氧原位比对结果

案例三

该水站位于珠江流域，2025 年 3 月，当地多次降雨，溶解氧数据多次降低。经过与现场监测数据比对，原位监测溶解氧浓度为 1.15 mg/L，自动监测结果为 1.15 mg/L，比对合格，故自动监测的溶解氧数据可用于水质评价（详见图 2-59、图 2-60 所示）。

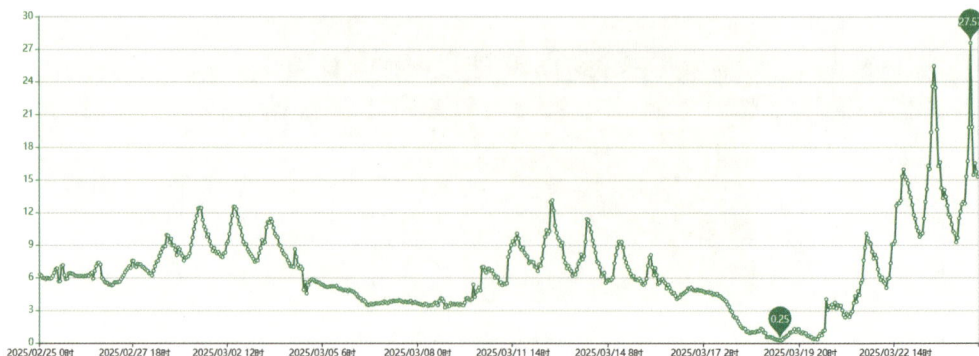

图 2-59　溶解氧数据变化趋势

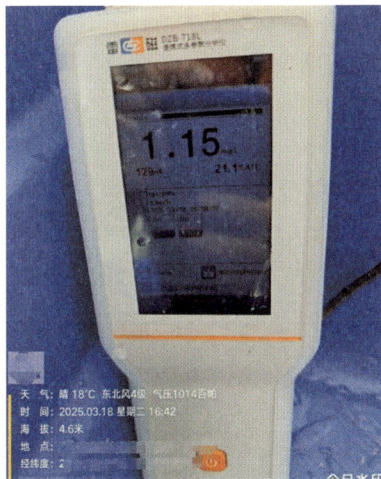

监测时间	水温(℃)	pH(无量纲)	溶解氧(mg/L)
III类标准限值		6~9	≥5
2025-03-18 00时	21.9	7.18	2.33
2025-03-18 01时	21.8	7.17	2.00
2025-03-18 02时	21.7	7.16	1.78
2025-03-18 03时	21.7	7.15	1.55
2025-03-18 04时	21.6	7.15	1.39
2025-03-18 05时	21.5	7.14	1.36
2025-03-18 06时	21.5	7.14	1.20
2025-03-18 07时	21.4	7.14	1.03
2025-03-18 08时	21.4	7.13	0.95
2025-03-18 09时	21.3	7.13	0.92
2025-03-18 10时	21.3	7.13	0.97
2025-03-18 11时	21.3	7.14	1.02
2025-03-18 12时	21.4	7.14	1.00
2025-03-18 13时	21.4	7.14	0.99
2025-03-18 14时	21.4	7.15	1.10
2025-03-18 15时	21.4	7.15	1.02
2025-03-18 16时	21.4	7.16	1.15

图 2-60 溶解氧原为比对合格

案例四

该水站位于海河流域，2021 年 10 月初，受强降雨影响，水站上游某水库到达汛限水位，溢洪道溢流；当月水站周边热力管网工程围堰施工，10 月 1—4 日监测数据出现超标情况。经核实，当月浊度监测数据最高为 39 NTU，未超出系统抗浊度能力，数据能够反映真实水质情况，故自动监测数据可用于水质评价（详见图 2-61 所示）。

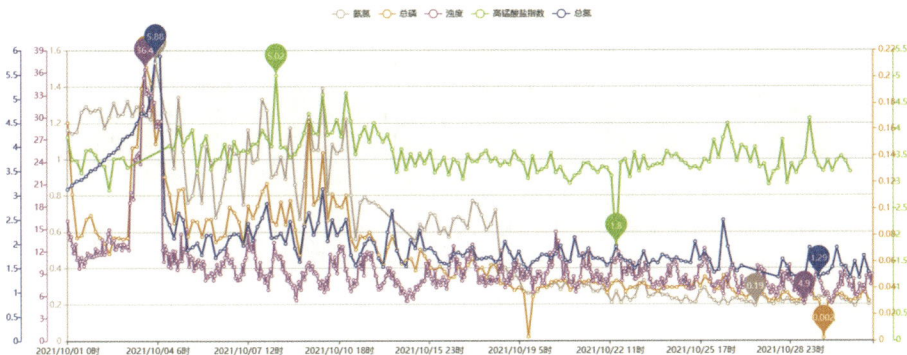

图 2-61 各参数数据变化趋势

案例五

该水站位于珠江流域，2022 年 5 月 1—16 日，降雨增多，加之上游某水电站 5 月 13 日泄洪，洪峰于 14 日经过该水站，自动监测数据出现超标情况。经核实，当月自动监测数据未超出系统抗浊度能力，故自动监测数据可用于水质评价（详见图 2-62 所示）。

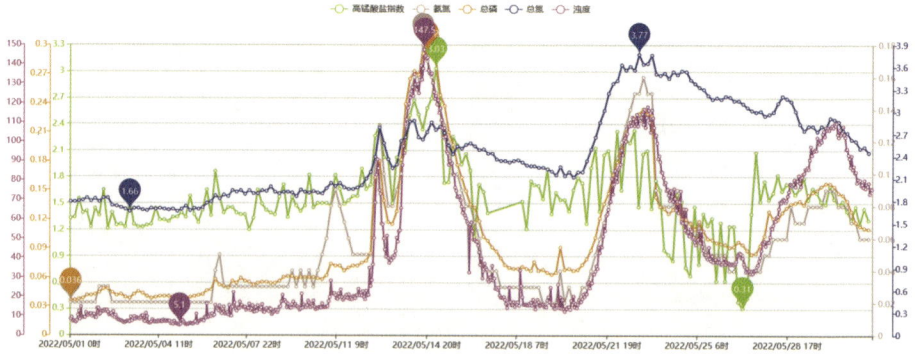

图 2-62　各参数数据变化趋势

案例六

该水站位于长江流域，2022 年 4 月，当地强降雨频繁，浊度升高，由于自动监测数据未超出系统抗浊度能力，故自动监测数据可用于水质评价（详见图 2-63 所示）。

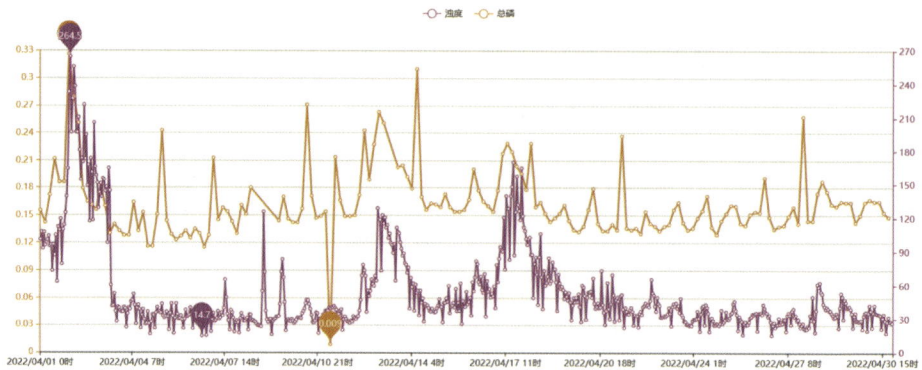

图 2-63　浊度、总磷数据变化趋势

案例七

该水站位于长江流域，2021 年 8 月，受台风影响降雨频繁，溶解氧逐渐降低并超标。经过与现场监测数据比对，原位监测溶解氧浓度为 4.4 mg/L，自动监测结果为 4.31 mg/L，比对合格，监测数据能够反映真实水质情况，故溶解氧自动监测数据可用于水质评价（详见图 2-64、图 2-65 所示）。

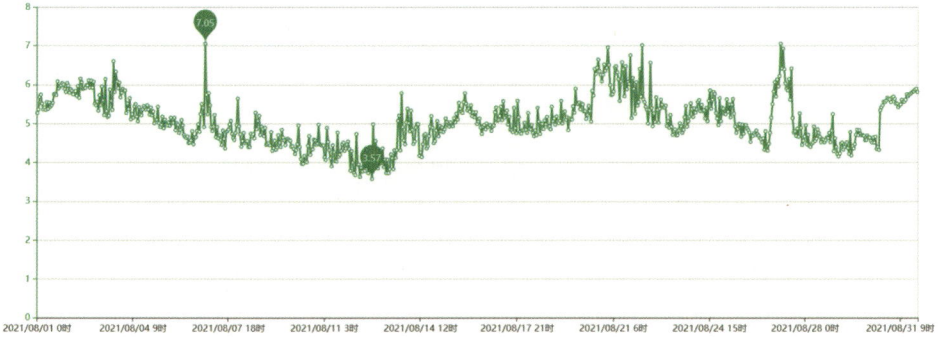

图 2-64　溶解氧数据变化趋势

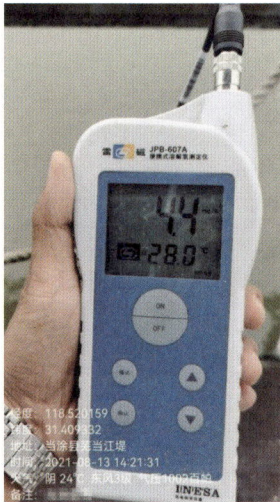

图 2-65　溶解氧原位比对合格

3.3.2　不参与水质评价案例

案例一

该水站位于长江流域岷江，2022 年 5 月中旬，当地降雨频繁，浊度、高锰酸盐指数、氨氮、总磷、总氮监测值明显升高，故超出系统抗浊度能力时段的自动监测数据不用于水质评价（详见图2-66所示）。

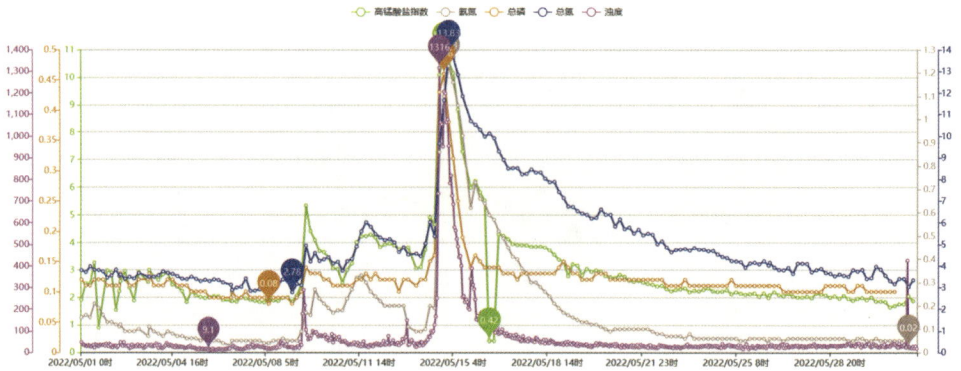

图2-66　各参数数据变化趋势

案例二

该水站位于松花江流域，2021年8月，当地强降雨频繁，水位暴涨，河水水质已无法客观反映水质情况，故超出系统抗浊度能力时段的自动监测数据不用于水质评价（详见图2-67、图2-68所示）。

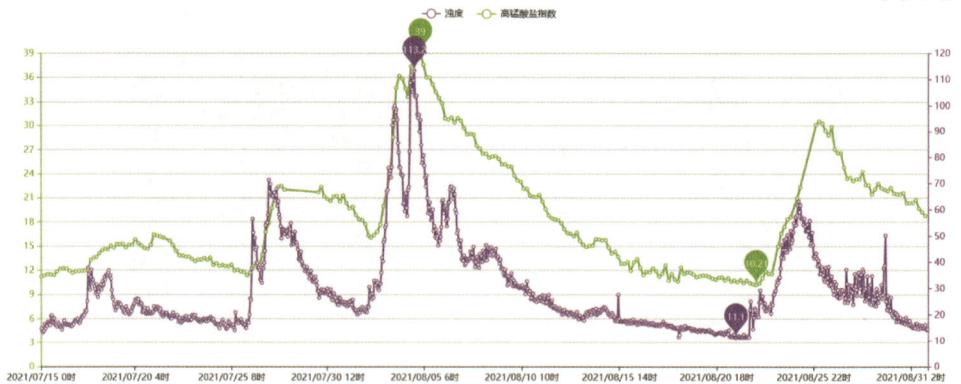

图2-67　浊度、高锰酸盐指数数据变化趋势

图 2-68 水位暴涨时段与上月对比

案例三

该水站位于长江流域，2022 年 5 月 8—9 日降雨，清流河浊度大幅升高，已超出系统抗浊度能力限值，故该时段高锰酸盐指数、氨氮、总磷、总氮自动监测数据可不用于水质评价（详见图 2-69 所示）。

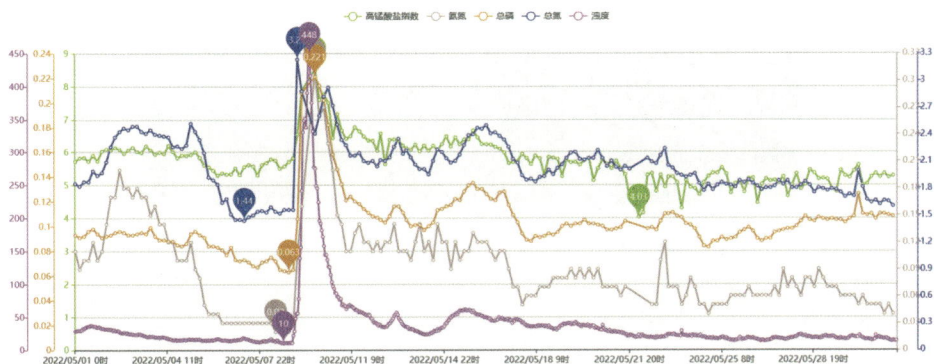

图 2-69 各参数数据变化趋势

案例四

该水站位于淮河流域，2021 年 7 月底 8 月初，连续降雨，上游超过 8 亿 m³ 水穿过石梁河水库后通过新沭河，高锰酸盐指数、总磷明显超标，无法客观反映真实水质情况，故超出系统抗浊度能力时段的自动监测数据可不用于水质评价（详见图 2-70、图 2-71 所示）。

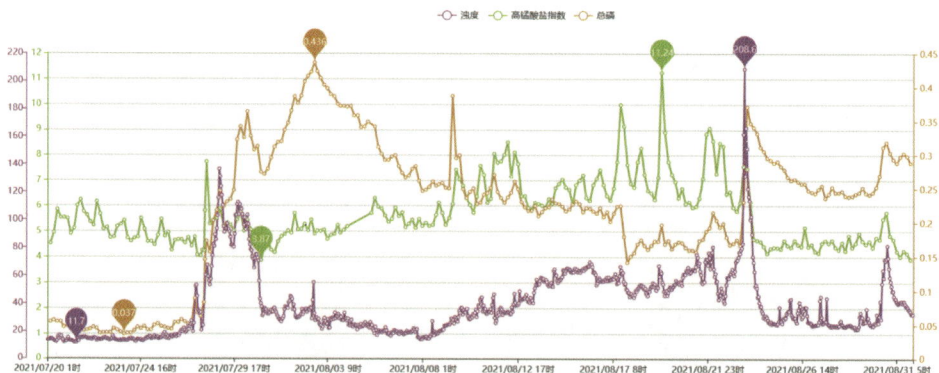

图 2-70 浊度、高锰酸盐指数、总磷数据变化趋势

图 2-71 上游泄洪现场

案例五

该水站位于珠江流域武利江，2022 年 4 月，当地持续降雨，浊度升高，采水口附近堆积大量水葫芦及漂浮垃圾，超出高锰酸盐指数、氨氮、总磷等仪器的系统抗浊度能力限值，故高浊度期间的自动监测数据不可用于水质评价（详见图 2-72、图 2-73 所示）。

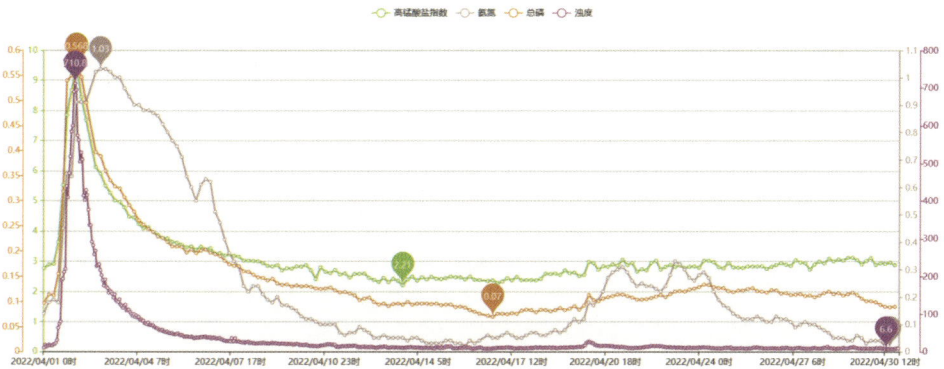

图 2-72　各参数数据变化趋势

图 2-73　采水口附近情况

案例六

该水站位于珠江流域，受台风"暹芭"影响，2022 年 7 月上旬，该水站所在地区多日连续降雨，平均降水量为 124.6 mm，达暴雨级别，该水站浊度大幅升高，高锰酸盐指数、氨氮和总磷浓度异常升高，已超过系统抗浊度能力限值，故高浊度期间的自动监测数据可不用于水质评价（详见图 2-74、图 2-75 所示）。

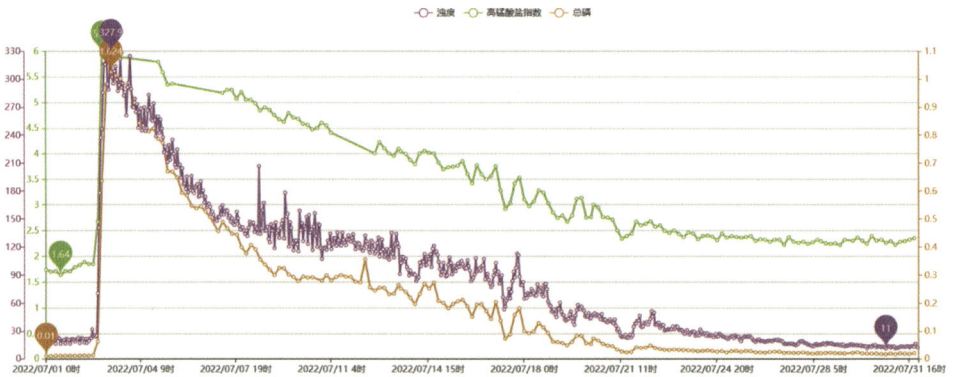

图 2-74　浊度、高锰酸盐指数、总磷数据变化趋势

图 2-75　采水口附近情况

案例七

该水站位于海河流域，2022 年 7 月下旬，当地多日连续降雨后上游泄洪，采水口附近聚集了大量污染物，浊度升高，超出高锰酸盐指数、氨氮、总磷等仪器的系统抗浊度能力，故高浊度期间的自动监测数据可不用于水质评价（详见图 2-76、图 2-77 所示）。

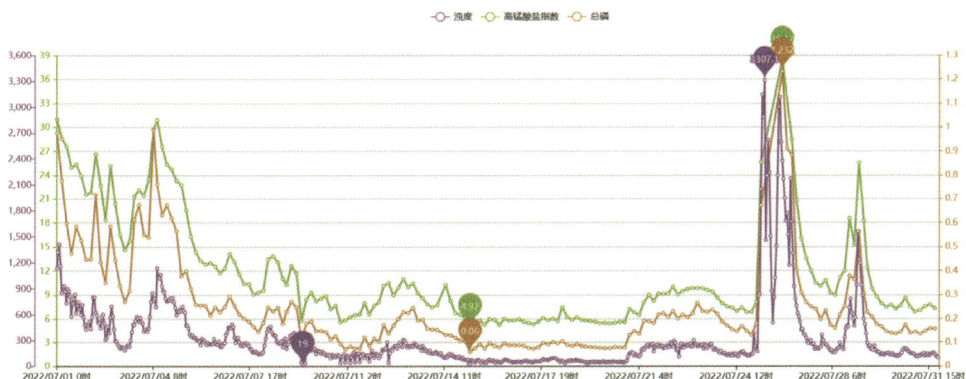

图 2-76　浊度、高锰酸盐指数、总磷数据变化趋势

图 2-77　采水口附近情况

3.4　污染影响

3.4.1　参与水质评价案例

案例一

该水站位于长江流域，2021 年 3 月 4 日，运维人员巡查发现上游闸口枕木损坏，造成生活污水泄漏，导致溶解氧数据下降，高锰酸盐指数、氨氮、

总磷、总氮数据异常升高。由于浊度未超出系统抗浊度限值，水质波动受排污影响，自动监测数据能够反映水质真实情况，故自动监测数据可用于水质评价（详见图2-78、图2-79所示）。

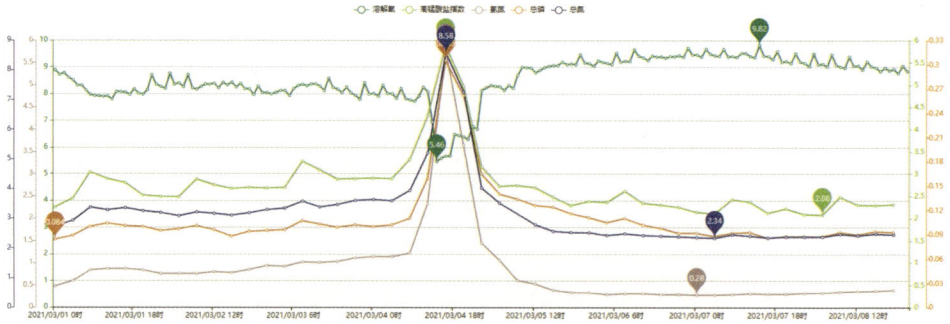

图 2-78　各参数数据变化趋势

图 2-79　污水泄漏抢修

案例二

该水站位于珠江流域大风江，2021年9月2—4日，总磷数据明显超标，经排查，上游某竹片厂受强降雨影响，高浓度污水冲刷进入大风江，影响断面水质。因未超出系统抗浊度能力限值，故自动监测数据可用于水质评价（详见图2-80所示）。

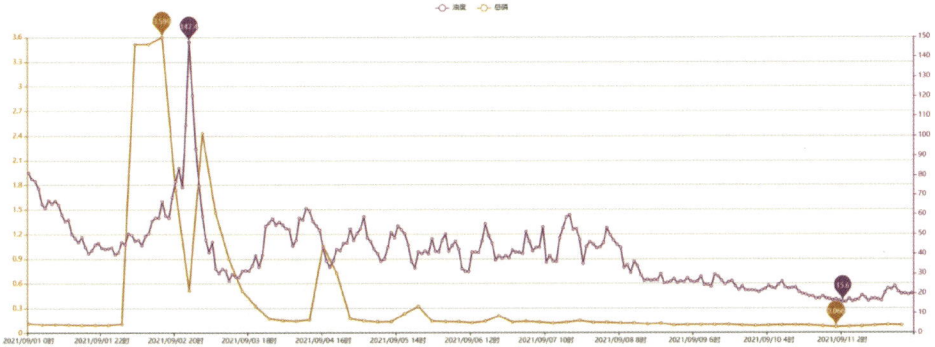

图 2-80　浊度、总磷数据变化趋势

案例三

该水站位于海河流域，2021 年 12 月，上游市政管网多次突发管网排水激增情况，致使市区某污水处理厂严重超负荷运行，部分未经处理污水溢出，流进市政雨水管网后流入河道，氨氮数据明显超标。由于氨氮未超出系统抗浊度能力限值，故氨氮自动监测数据可用于水质评价（详见图 2-81 所示）。

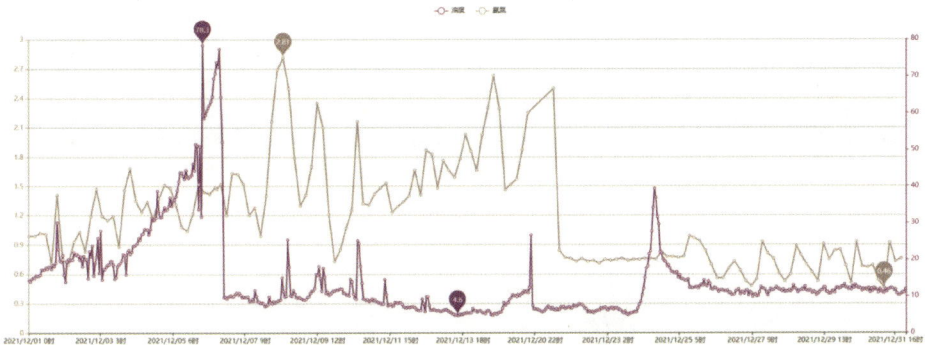

图 2-81　浊度、氨氮数据变化趋势

案例四

该水站位于黄河流域，上游 850 m 处设有某污水处理厂排水口。2021 年 8 月当地降雨频繁，该污水处理厂主管网进水量激增，严重超出负荷，同时来水中携带大量泥沙，致使污水处理厂部分设施受损无法继续生产，生化池周边地面塌陷，管道破裂，污水泄漏并淹没电缆等设施，该厂停产 2 日。其间污水河道直排，对水质造成严重影响，浊度严重超出系统抗浊度能力，无法客观反映水体水质状况，高浊度时段自动监测数据不可用于水质评价，其他时段数据能正常反映水体水质（详见图 2-82 至图 2-84 所示）。

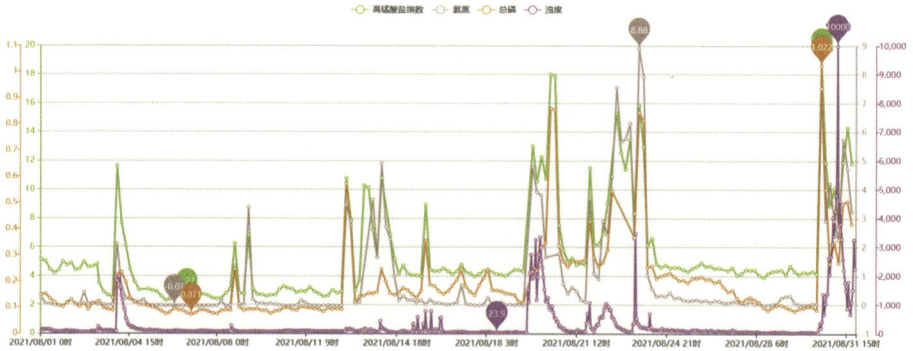

图 2-82　各参数数据变化趋势

图 2-83　采水口附近情况

图 2-84　采水口附近污水排口照片

3.4.2　不参与水质评价案例

案例一

该水站位于松花江流域，2020 年 3 月 28 日，某尾矿库泄漏，泄漏地点距离水站约 110 km，黑龙江省政府启动 Ⅱ 级应急响应。受泄漏影响，3 月 28 日至 4 月上旬数据不具有代表性，故受污染影响时段自动监测数据不可用于水质评价（详见图 2-85、图 2-86 所示）。

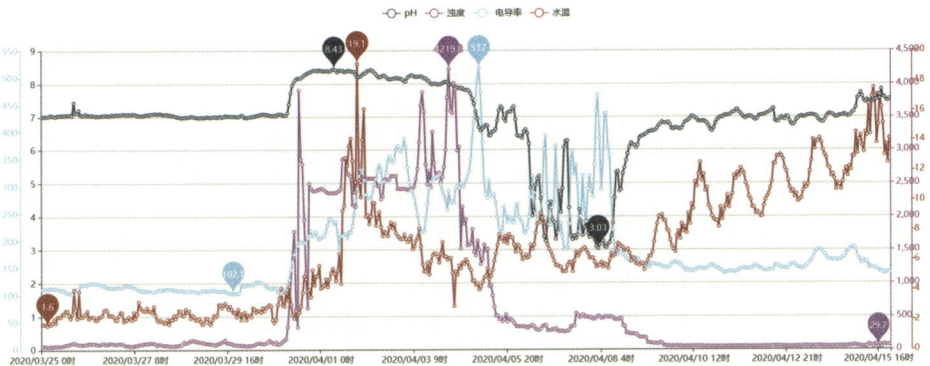

图 2-85　各参数数据变化趋势

图 2-86　尾矿库泄漏事件前、中、后采水口变化

案例二

该水站位于辽河流域，2021 年 4 月 19 日，辽宁华电铁岭有限公司发生灰场溢流口灰水泄漏事件，灰水流入辽河干流，沈阳市政府启动Ⅲ级应急响应。该突发性环境污染事故位于水站上游，于 4 月 21 日过境该断面，氨氮、总磷、总氮数据明显升高，受污染时段氨氮、总磷、总氮数据不可用于水质评价（详见图 2-87 所示）。

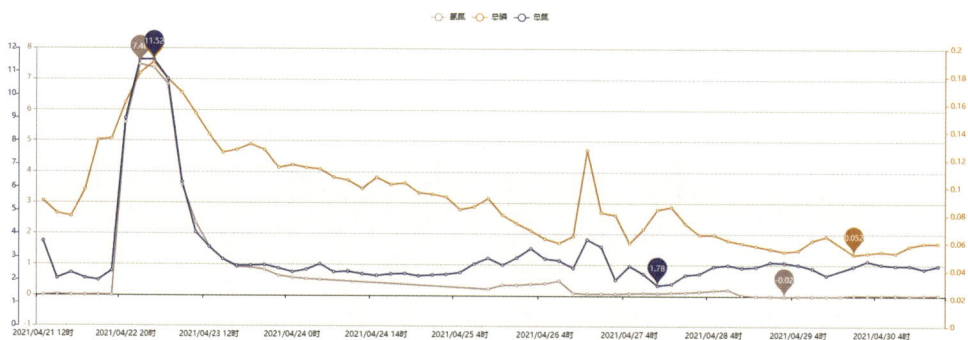

图 2-87　氨氮、总磷、总氮数据变化趋势

案例三

该水站位于辽河流域，2021 年 4 月 19 日，水站上游突发灰场溢流口灰水泄漏环境污染事故，沈阳市政府启动Ⅲ级应急响应，4 月 22 日起过境该水站所在断面，氨氮、总磷、总氮数据明显升高，受污染时段氨氮、总磷、总氮数据不可用于水质评价（详见图 2-88 所示）。

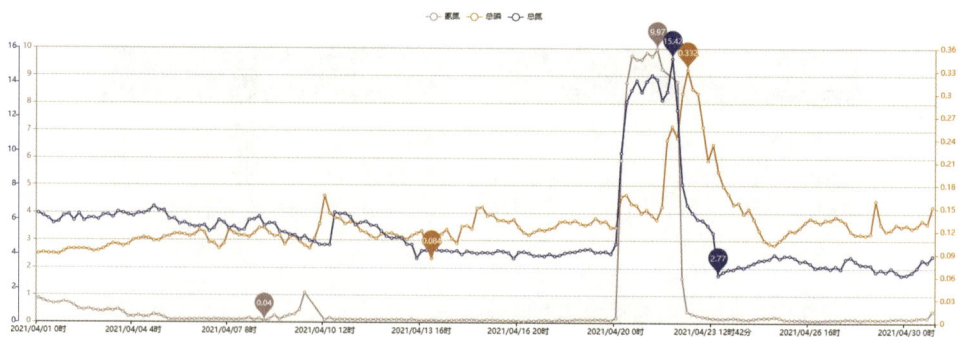

图 2-88　氨氮、总磷、总氮数据变化趋势

案例四

该水站位于长江流域，该河流汇入丹江口水库，因上游尾矿库泄漏启动应急措施，进行河道整治，导致水体 11 月中下旬 pH 明显偏低，故河道整治期间 pH 不可用于水质评价，使用应急河道整治前 pH 数据作为评价数据（详见图 2-89、图 2-90 所示）。

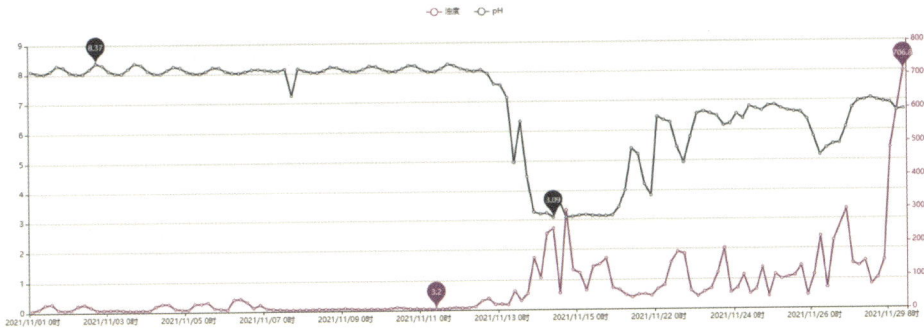

图 2-89　浊度、pH 数据变化趋势

图 2-90　采水口附近情况

3.5　浊度影响

3.5.1　参与水质评价案例

案例一

该水站位于太湖流域京杭大运河，2021 年 11 月河道处于枯水期，船只通行频繁，且当月采水口附近有施工行为，造成底泥扰动，浊度数据波动。由于浊度未超出系统抗浊度能力，数据能够真实反映水质变化，故自动监测数据可用于水质评价（详见图 2-91 所示）。

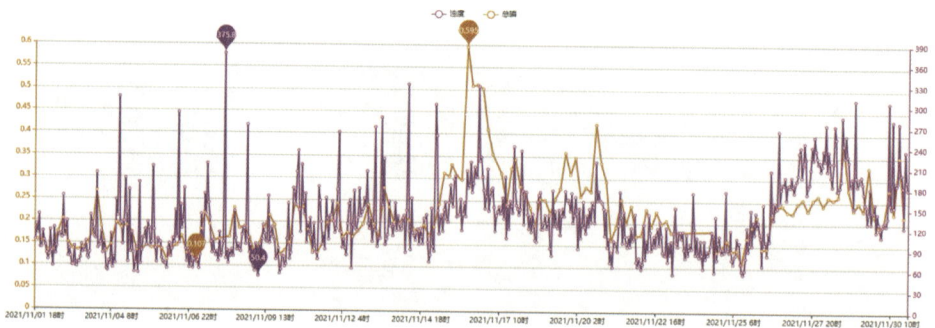

图 2-91　浊度、总磷数据变化趋势

案例二

该水站位于浙闽片河流，2021 年 7 月受台风"烟花"影响，泄洪后水站采水口水位大幅下降，底泥扰动，水体浑浊，高浊度等原因使溶解氧自动监测数据出现异常低值。经过与现场监测数据比对，原位监测溶解氧浓度为 4.75 mg/L，自动监测结果为 4.71 mg/L，比对合格，数据能够反映真实水质情况，故溶解氧自动监测数据可用于水质评价（详见图 2-92、图 2-93 所示）。

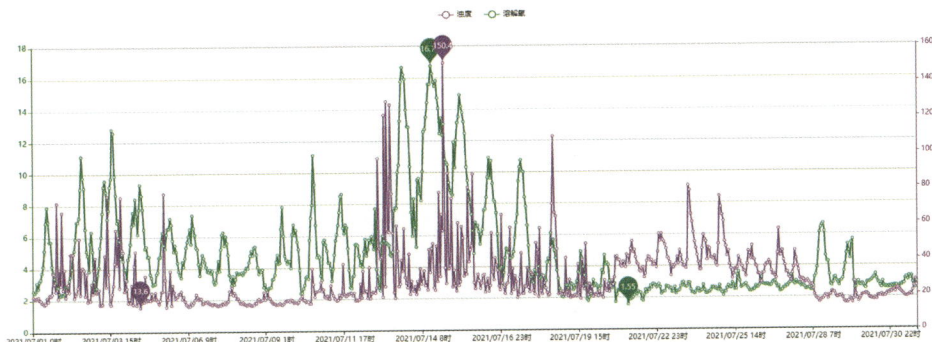

图 2-92 浊度、溶解氧数据变化趋势

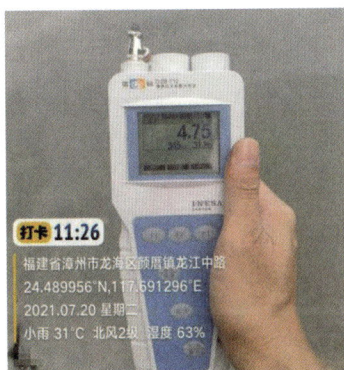

监测时间	水温/℃	pH/无量纲	溶解氧/(mg/L)	电...
Ⅲ类标准限值		6~9	≥5	
1	2021-07-20 14时	31.8	6.92	4.08
2	2021-07-20 13时	31.9	6.93	4.20
3	2021-07-20 12时	32.3	6.91	4.12
4	2021-07-20 11时	32.3	6.99	4.71
5	2021-07-20 10时	32.6	6.91	3.57
6	2021-07-20 09时	32.0	6.91	3.73
7	2021-07-20 08时	31.7	6.92	2.74
8	2021-07-20 07时	31.6	6.90	2.55

图 2-93 溶解氧原位比对合格

案例三

该水站位于长江流域，2022 年 4 月断面上游开展清淤作业，清淤期间降雨导致施工场地的淤泥、泥沙、河道黑色沉积物冲刷进下游水体，导致断面水质变差，数据波动较大。因清淤期间浊度未超出系统抗浊度能力限值，数据能反映真实水质情况，故自动监测数据可用于水质评价（详见图 2-94 所示）。

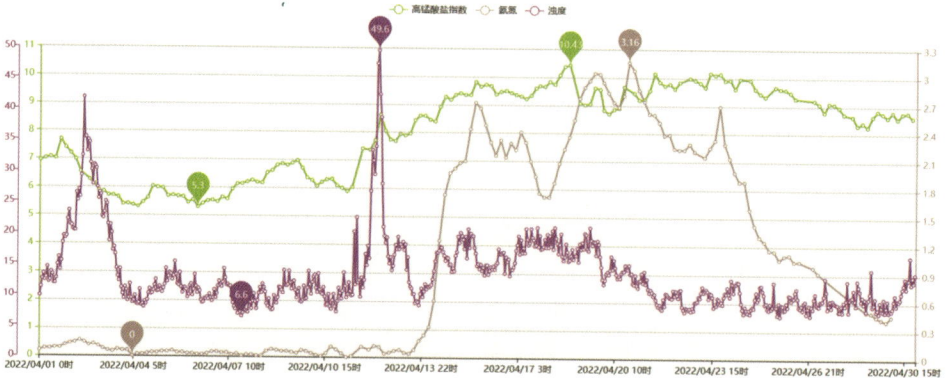

图 2-94　高锰酸盐指数、氨氮、浊度数据变化趋势

3.5.2　不参与水质评价案例

案例一

该水站位于长江流域，总磷仪器安装于 2017 年，由于总磷设备系统抗浊度能力较差，故高浊度期间总磷数据可不用于水质评价（详见图 2-95 所示）。

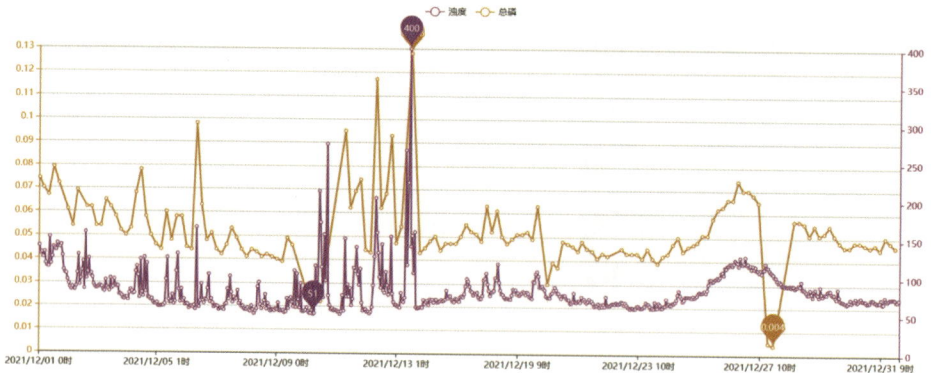

图 2-95　浊度、总磷数据变化趋势

案例二

该水站位于浙闽片河流，2021 年 5 月该断面上游约 10 km 处开展防洪堤

建设施工及新建桥梁建设，且施工期间降雨频繁，致使大量泥沙冲入下游水站监测断面，浊度和总磷数据明显升高，故超出系统抗浊度能力的自动监测数据不可用于水质评价（详见图 2-96 所示）。

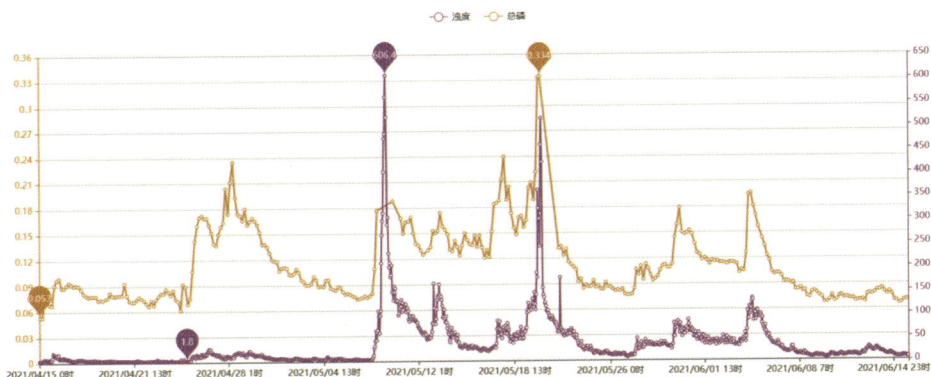

图 2-96　浊度、总磷数据变化趋势

案例三

该水站位于巢湖，为浮船站，无预处理装置。2021 年 11 月受两次大风天气影响，湖区浊度升高，总磷数据明显波动，故高浊度时段的总磷数据可不用于水质评价（详见图 2-97 所示）。

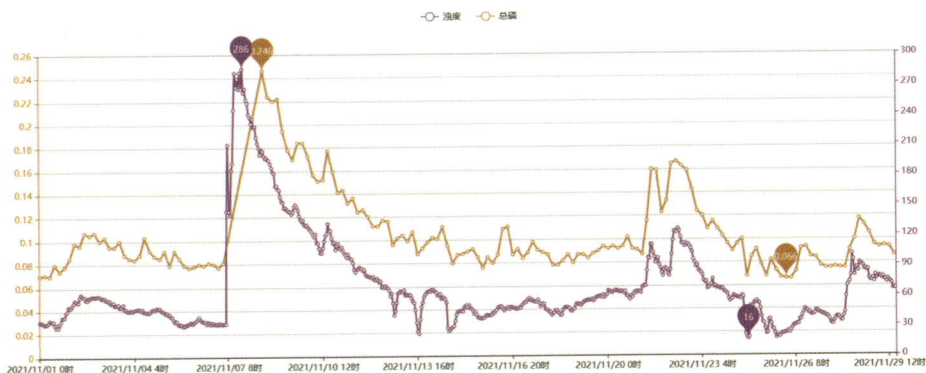

图 2-97　浊度、总磷数据变化趋势

案例四

该水站位于海河流域，因冬季河道结冰，2021 年 3 月化冰期时，河水中携带泥沙量较多，浊度升高，数据波动较大。超出系统抗浊度能力时段的自动监测数据不可用于水质评价（详见图 2-98 所示）。

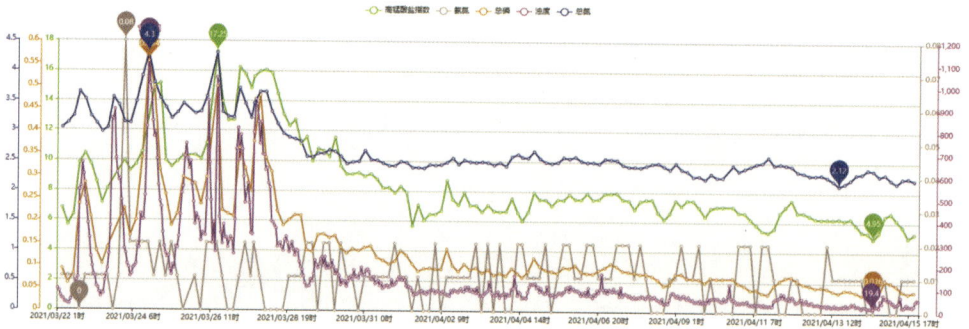

图 2-98　各参数数据变化趋势

案例五

该水站位于松花江干流，2021 年 7 月下旬，因当地连日暴雨导致自然灾害和垮坝，浊度急剧升高，其他数据出现同步超标趋势，故超出系统抗浊度能力时段的自动监测数据不可用于水质评价（详见图 2-99、图 2-100 所示）。

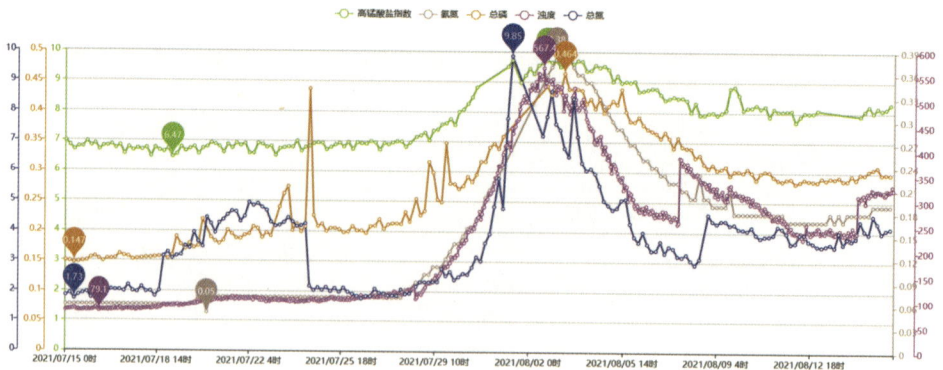

图 2-99　各参数数据变化趋势

黑龙江省哈尔滨市 **2021-07-31 20:48** 发布暴雨蓝色预警_**2021 年 07 月 31 日**_天气预警天气网
https://www.tianqi.com/alarmnews/2107312023010041.html

黑龙江省哈尔滨市 **2021-08-05 18:29** 发布暴雨蓝色预警_**2021 年 08 月 05 日**_天气预警_天气
网　https://www.tianqi.com/alarmnews/2108051823011241.html

图 2-100　自然灾害的佐证照片

案例六

该水站位于辽河流域，为感潮河段。受潮汐影响，部分时段浊度、总磷监测数据明显变化，不能客观反映水质状况，故超出系统抗浊度能力时段的自动监测数据可不用于水质评价（详见图 2-101 所示）。

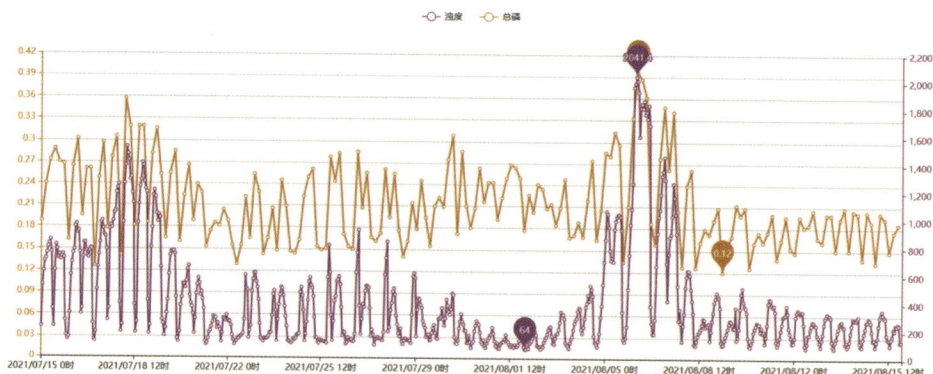

图 2-101　浊度、总磷数据变化趋势

案例七

该水站位于巢湖流域，为浮船站。2021 年 10 月，当地为促进巢湖湖区水生植物恢复与生长，湖区保持低水位状态，扩大湖区晒滩面积。由于水位较低，风浪扰动湖区底泥，使湖区浊度升高，总磷数据明显上升，故超出系统抗浊度能力时段的自动监测数据可不用于水质评价（详见图 2-102 所示）。

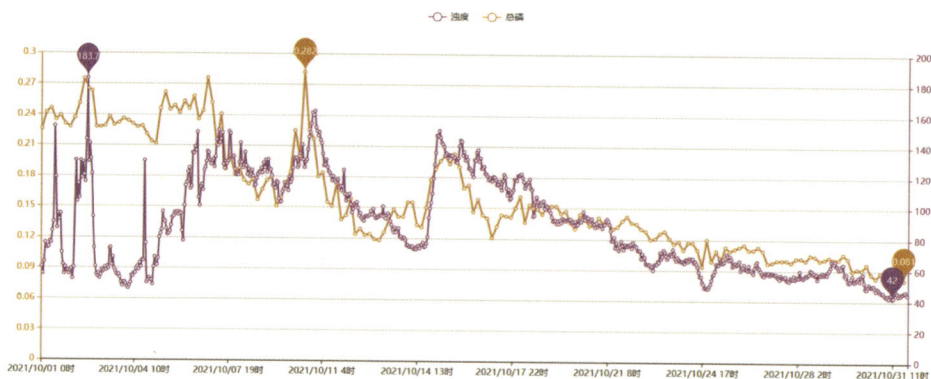

图 2-102　浊度、总磷数据变化趋势

案例八

该水站位于长江流域，2021 年 12 月，当地对洛亥河开展治理工程，导致浊度明显波动，高锰酸盐指数、氨氮、总磷、总氮监测数据超标，水体受到严重影响，故超出系统抗浊度能力时段的自动监测数据可不用于水质评价（详见图 2-103、图 2-104 所示）。

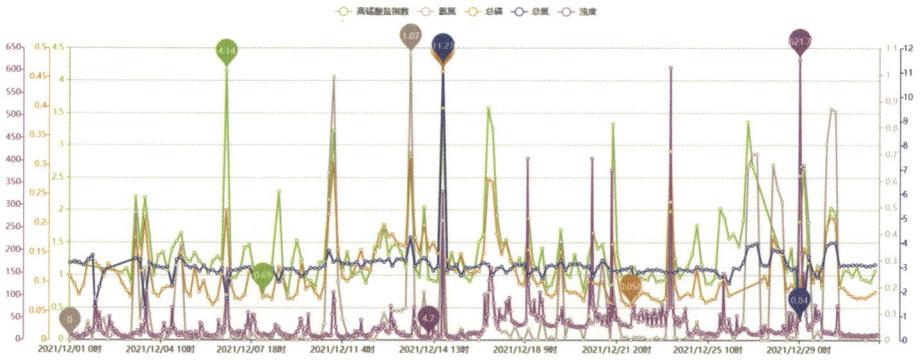

图 2-103　各参数数据变化趋势

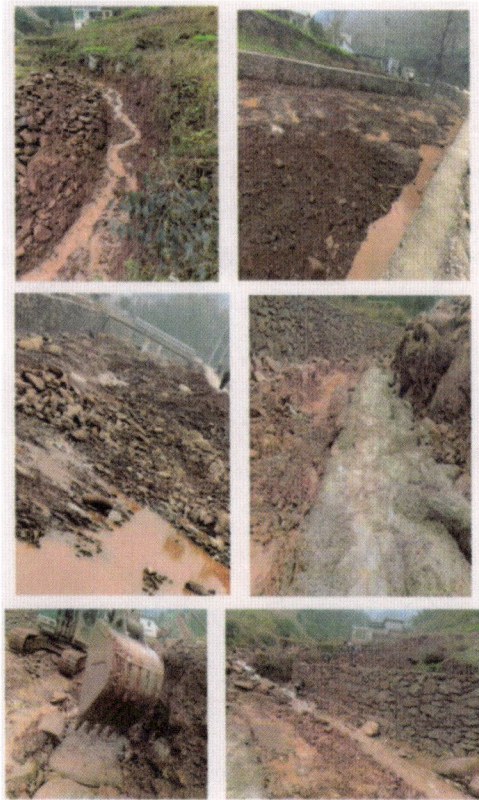

图 2-104　水站施工现场

案例九

该水站位于长江流域，为浮船站，无预处理措施。2022 年 10 月，浊度最低 23 NTU，总磷数据整月受浊度影响较大，故超出系统抗浊度能力时段的自动监测数据可不用于水质评价，使用非正常运行补测数据（详见图 2-105、图 2-106 所示）。

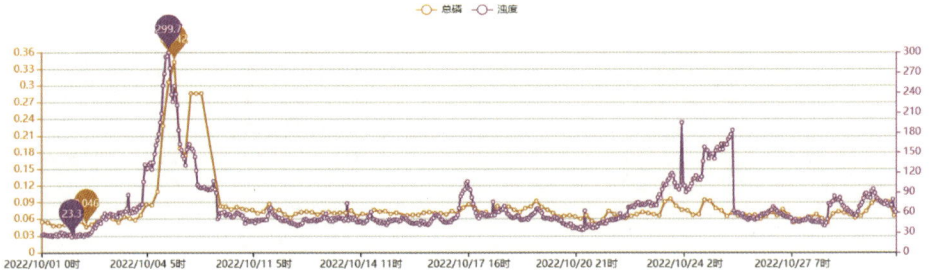

图 2-105　总磷、浊度数据变化趋势

图 2-106　水站总磷非正常运行补测数据

3.6　水生植物或气压等影响

3.6.1　参与水质评价案例

案例一

该水站位于淮河流域，2021 年 6 月，受水生生物光合作用及呼吸作用影响，溶解氧波动较大，且无法彻底清理采水口附近水生生物。经过与现场监测数据比对，原位监测溶解氧浓度为 3.38 mg/L，自动监测结果为 3.23 mg/L，比对合格，故溶解氧自动监测数据可用于水质评价（详见图 2-107 至图 2-109 所示）。

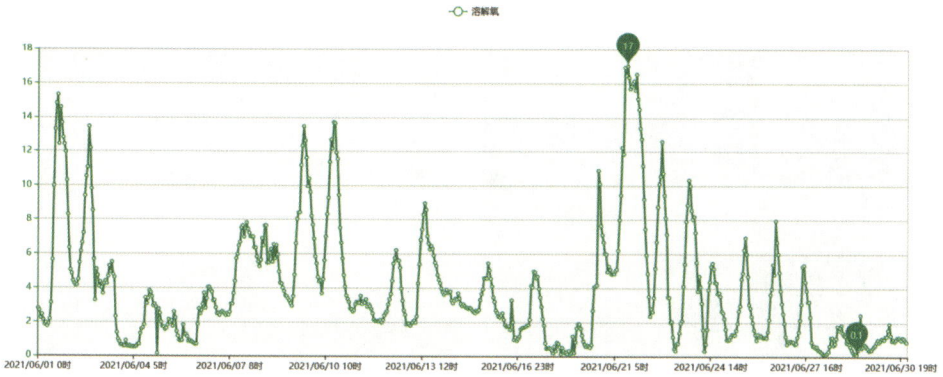

图 2-107　溶解氧数据变化趋势

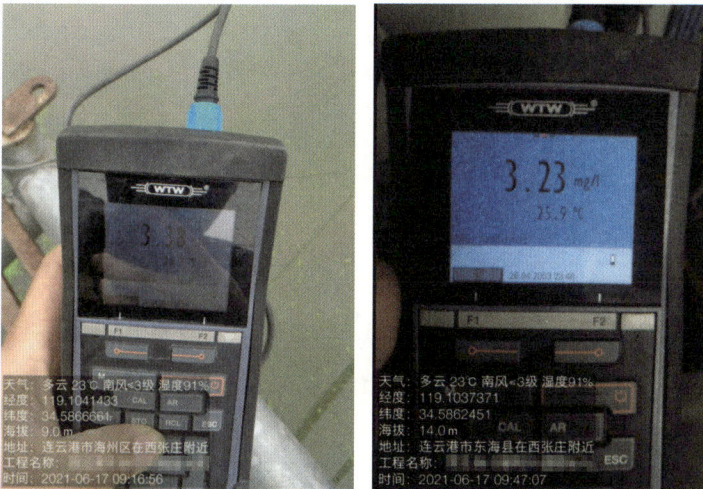

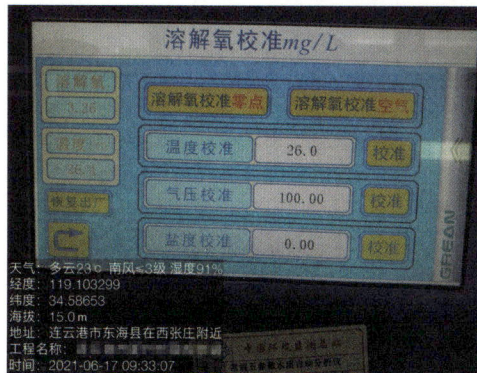

图 2-108　溶解氧原位比对、沉砂池比对合格

图 2-109　采水口附近情况

案例二

该水站位于滇池流域，受水生生物光合作用及呼吸作用影响，2024 年 9 月溶解氧数据多次出现超标情况。经过与现场监测数据比对，原位监测溶解氧浓度为 2.82 mg/L，自动监测结果为 3.31 mg/L，比对合格，故溶解氧自动监测数据可用于水质评价（详见图 2-110 至图 2-112 所示）。

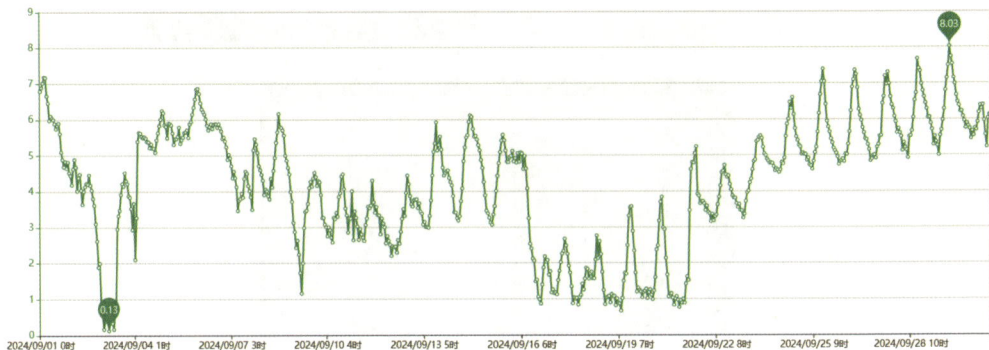

图 2-110　溶解氧数据变化趋势

图 2-111 溶解氧原位比对合格

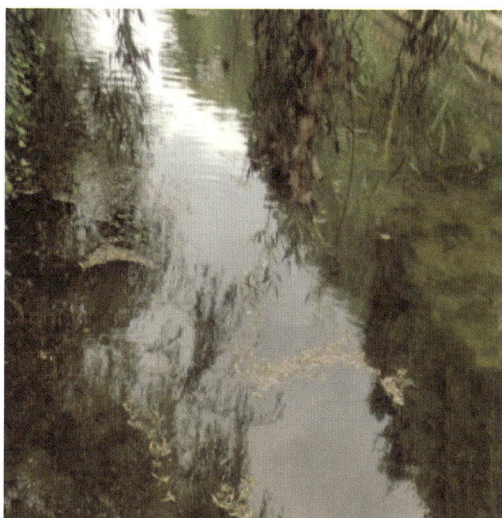

图 2-112 采水口附近情况

案例三

该水站位于珠江流域某高原深水湖，海拔超过 1 700 m，受气压影响溶解氧浓度超过 Ⅰ 类标准。根据《地表水环境质量标准》（GB 3838—2002），溶解氧一类限值为饱和率≥90%，或浓度大于等于 7.5 mg/L。2021 年 11 月，该水站的溶解氧饱和率均大于 90%，采用溶解氧饱和率进行折算溶解氧浓度并用于考核评价（详见图 2-113 所示）。

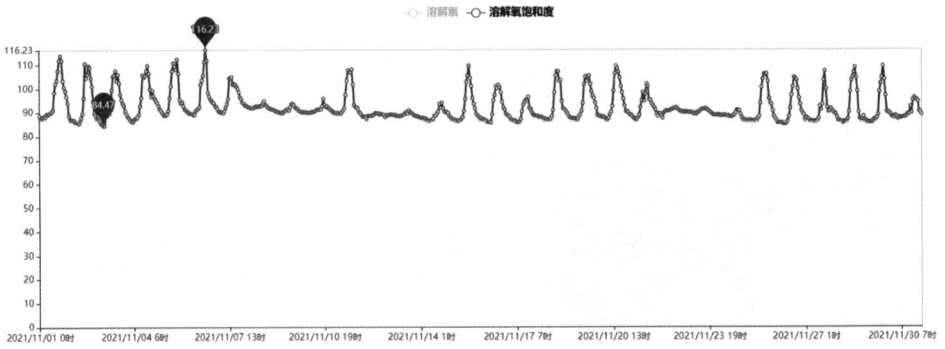

图 2-113　溶解氧饱和度数据变化趋势

3.6.2　不参与水质评价案例

案例一

该水站位于浙闽片河流，某湖库，pH 受水生生物光合作用及呼吸作用影响，长期偏高，除 pH 外，其他参数为 Ⅰ 类水质。pH 单独定为劣 Ⅴ 类，故不使用 pH 自动监测数据评价（详见图 2-114 至图 2-115 所示）。

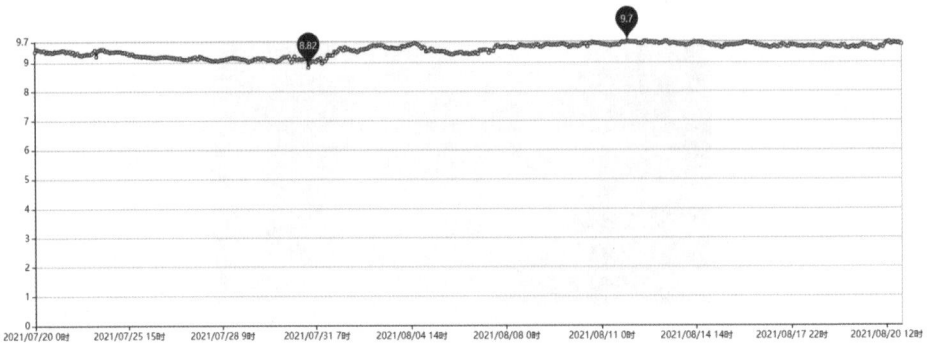

图 2-114　pH 数据变化趋势

图 2-115　采水口附近情况

案例二

该水站位于长江流域某湖库，pH 受水生生物光合作用及呼吸作用影响，长期偏高，除 pH 外，其他参数为Ⅱ类水质。pH 单独定为劣Ⅴ类，故不使用 pH 自动监测数据评价（详见图 2-116、图 2-117 所示）。

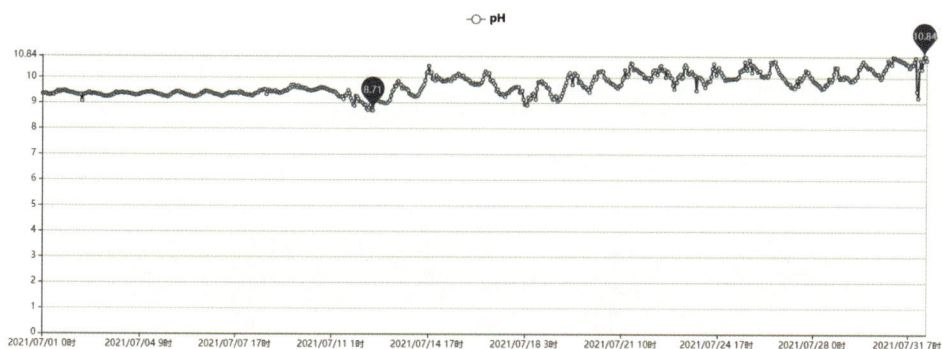

图 2-116　pH 数据变化趋势

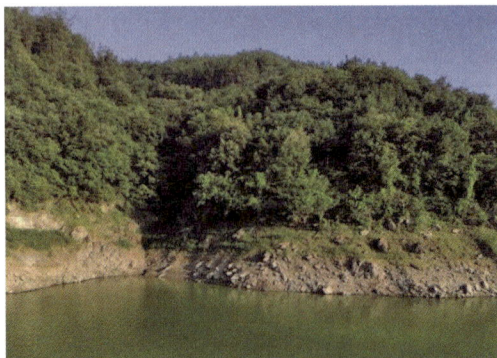

图 2-117　采水口附近情况

3.7　非正常运行影响

3.7.1　停运补测数据不参与水质评价案例

案例一

该水站位于长江流域干流，因采水口水位过低停运，开展实验室补测。由于采样与送样时间间隔大于两天，超出规定送样时限，故本次补测数据不可用于水质评价（详见图 2-118 所示）。

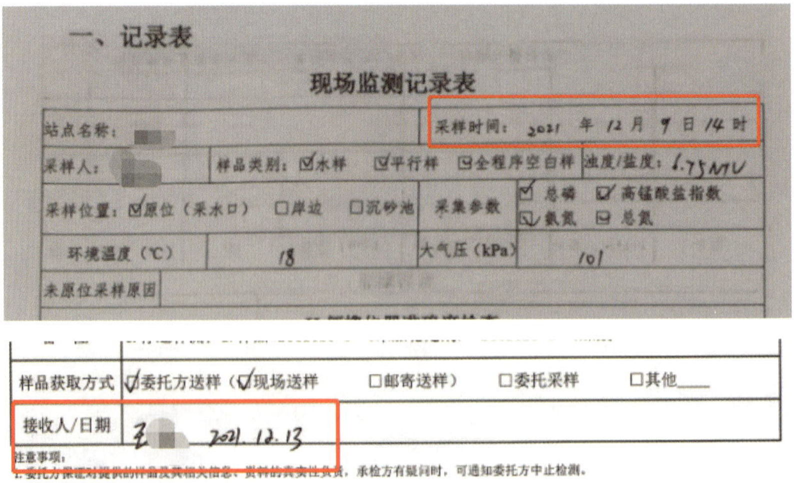

一、记录表

现场监测记录表

站点名称：		采样时间：2021 年 12 月 9 日 14 时	
采样人：	样品类别：☑水样 ☑平行样 ☐全程序空白样	浊度/盐度：1.75NTU	
采样位置：☑原位（采水口） ☐岸边 ☐沉砂池		采集参数	☑总磷 ☑高锰酸盐指数 ☑氨氮 ☐总氮
环境温度（℃）	18	大气压（kPa）	101
未原位采样原因			

样品获取方式	☑委托方送样（☑现场送样 ☐邮寄送样） ☐委托采样 ☐其他____
接收人/日期	王 2021.12.13

注意事项：

1. 委托方保证对提供的样品及其相关信息、资料的真实性负责，承检方有疑问时，可通知委托方中止检测。

图 2-118　采样后未及时送样

案例二

该水站位于西北诸河某水库，因水位过低停运，开展自动仪器补测。由于该水站浊度大于 500 NTU，运维人员未按采样预处理规定对水样进行离心，导致水样预处理不规范，故数据可不用于水质评价（详见图 2-119 所示）。

图 2-119　水样浊度大于 500 NTU 未离心处理

案例三

该水站位于松花江流域，因采水设施故障停运，开展自动监测仪器补测。运维人员采集水样时在岸边草丛中用水桶采样，操作不规范，故当日补测数据无效，不可用于水质评价（详见图 2-120 所示）。

图 2-120　运维人员水样采集不规范

案例四

该水站位于黄河流域某水库，因汛期调水调沙停运。水体含沙量较大，浊度较高，开展实验室停运补测时，总磷水样分析未进行浊度补偿，数据不具有代表性，不能反映真实水质情况，故总磷补测数据不可用于水质评价。

案例五

该水站位于滇池流域茨巷河，2022年7月因水位过低停运，开展自动仪器补测。20日当地下大雨，运维人员在降雨期间采样，违反了雨季采样规则，故当天的两组补测数据不可用于水质评价（详见图2-121、图2-122所示）。

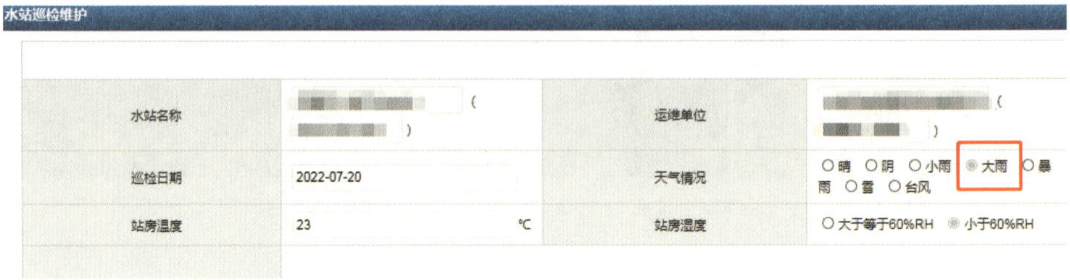

图 2-121　停运补测采样当天天气情况

图 2-122　采水口附近情况

案例六

该水站位于淮河流域，因河道整治2022年4月起停运，开展实验室补测。10月7日当地下大雨，雨停3h后运维人员前往采水口采样，受降雨影响明显，故本条补测数据不可用于水质评价（详见图2-123所示）。

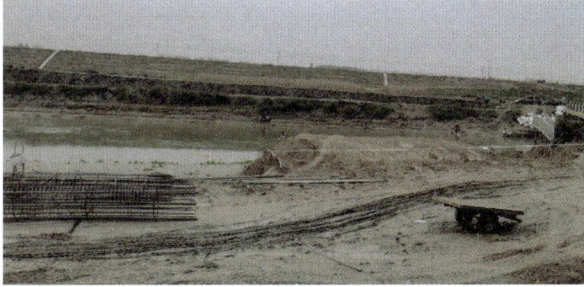

图 2-123 采水口岸边降雨后湿滑、泥泞

案例七

该水站位于黄河流域，因采水设施故障停运，12 月 12 日开展实验室补测时监测水体浊度为 308 NTU，根据《地表水总磷现场前处理技术规定（试行）》要求一般水体浊度在 200～500 NTU 间时，总磷水样应沉降 60 min 后取上清液，该水样沉降 30 min，不满足技术规定要求，故数据不可用于水质评价。

水温(℃)	pH(无量纲)	溶解氧(mg/L)	电导率(μS/cm)	浊度(NTU)	高锰酸盐指数(mg/L)	氨氮(mg/L)	总磷(mg/L)	总氮(mg/L)
6.1/	8.25/6~9	9.50/≥5	961.2/	22.2/	2.07/6	0.103/1	0.041/0.2	2.44/
0.4	8.00	11.00	1230.0	308.0	2.20	0.060	0.140	2.92

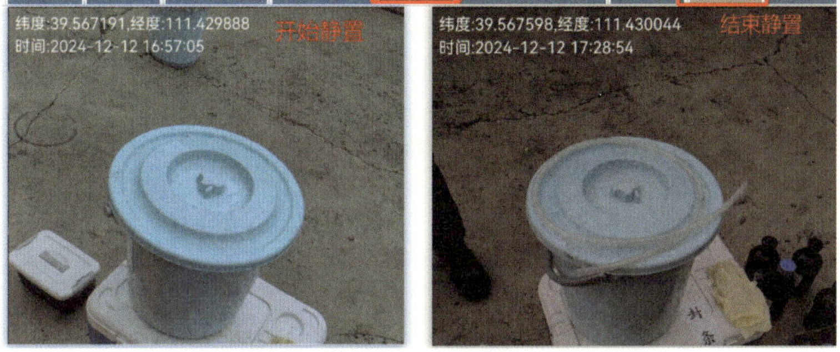

图 2-124 12 月 12 日浊度及沉降时间

3.7.2 自动监测数据不参与水质评价案例

案例一

该水站位于浙闽片河流，因总磷仪器故障运行，自动仪器监测数据均无效，导致全月可参与水质评价的自动监测数据量不足 6 条，故总磷自动监测数据不可用于水质评价（详见图 2-125、图 2-126 所示）。

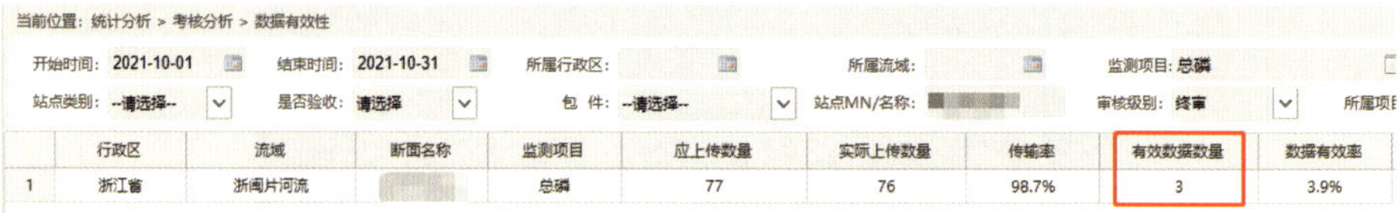

图 2-125　自动监测数据量不足

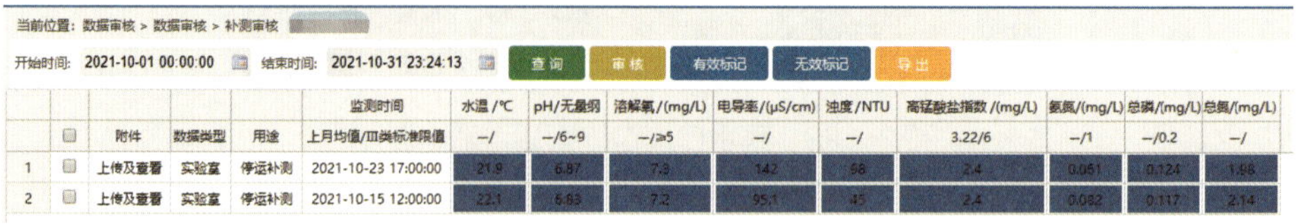

图 2-126　实验室补充监测数据

案例二

该水站位于淮河流域，2022 年 4 月，受疫情管控影响，仅第一周开展运维并完成五参数周质控，其余时间未到水站进行维护，因此未正常维护期间五参数数据不可用于水质评价（详见图 2-127 至图 2-129 所示）。

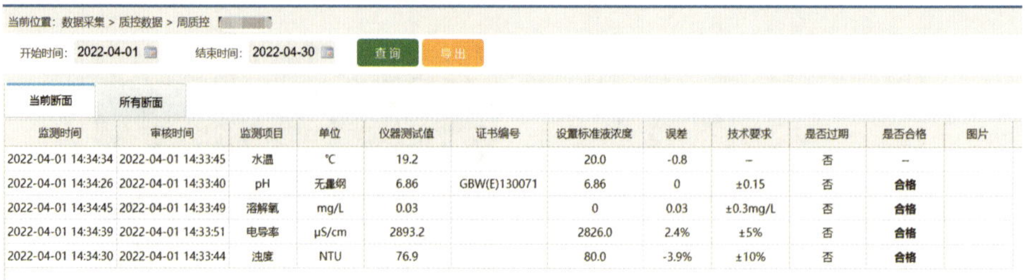

图 2-127　水站周质控维护记录

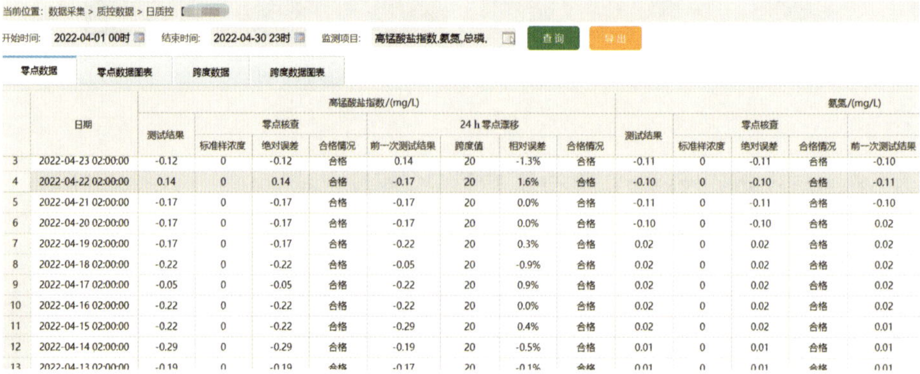

图 2-128　水站质控合格记录

	设备名称	试剂名称	试剂体积/mL	配置时间	有效期至	更换原因
1	氨氮水质自动分析仪	氧化剂	500	2022-03-01	2022-06-01	周期更换，用量少
2		显色剂	1 000	2022-03-01	2022-06-01	周期更换
3	高锰酸盐指数水质自动分析仪	高锰酸钾溶液	2 000	2022-03-01	2022-06-01	周期更换
4		硫酸	1 000	2022-03-01	2022-06-01	周期更换
5		草酸钠溶液	2 000	2022-03-01	2022-06-01	周期更换
6	总氮水质自动分析仪	标样	500	2022-02-17	2022-05-14	周期更换
7		氢氧化钠溶液	250	2022-03-01	2022-06-01	周期更换
8		盐酸	500	2022-03-01	2022-06-01	周期更换
9		过硫酸钾溶液	500	2022-03-01	2022-06-01	周期更换
10	总磷水质自动分析仪	硫酸	250	2022-03-01	2022-06-01	周期更换
11		钼酸铵	250	2022-03-01	2022-06-01	周期更换
12		蒸馏水	10 000	2022-03-03	2022-06-03	周期更换
13		抗坏血酸溶液	250	2022-03-01	2022-06-01	周期更换
14		标样	500	2022-02-17	2022-05-14	周期更换

图 2-129　水站试剂更换记录

案例三

该水站位于长江流域，2022 年 3 月，按照属地疫情管控要求，运维人员无法进入现场运维，导致高锰酸盐指数、氨氮、总磷、总氮仪器缺少试剂，设备无法正常监测水样，故九参数自动监测数据均不可用于水质评价（详见图 2-130 所示）。

图 2-130　该水站属地受疫情管控，无法去现场运维的说明文件

案例四

该水站位于珠江流域，2022 年 4 月受疫情管控影响，该水站第二周未正常开展运维工作，故五参数第二周自动监测数据不可用于水质评价（详见图 2-131 所示）。

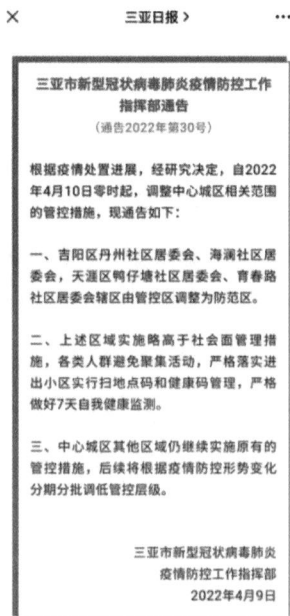

图 2-131　2022 年 4 月第二周质控受疫情管控影响

参 考 文 献

[1] 游亮，崔莉凤，刘载文，等.藻类生长过程中 DO、pH 与叶绿素相关性分析 [J].
环境科学与技术，2007，30(9): 3.

[2] 袁聪，陶诗雨，张莹莹，等.安康水库表层浮游藻类群落结构及其与环境因子
的关系 [J].应用生态学报，2015，26(7): 10.

[3] 王志刚.北方河流冰封期水质特征及模拟方法研究 [D].北京：清华大学，
2013.

[4] 陈家厚，杨林，周爱申，等.黑龙江省松花江流域河流中高锰酸盐指数非点源
污染负荷分析 [J].中国环境监测，2010(6): 53-55.

[5] 刘忠熳.松花江哈尔滨市江段地表水环境容量测算及总量控制研究 [D].长春：
吉林大学，2006.

[6] 王海波，田荣燕.地表水水质影响因素研究进展 [J].绿色科技，2016(10): 5.

[7] 夏星辉，吴琼，牟新利.全球气候变化对地表水环境质量影响研究进展 [J].水
科学进展，2012，23(1): 10.

[8] 伍远康，卢国富.浙江省大气降水水质对地表水水质的影响 [J].水资源保护，
2013，29(6): 6.

[9] 李金，谢文理.长江潮汐对常州市区河道水质的影响分析 [J].资源节约与环
保，2021(9): 2.

[10] 李花.地表水水质自动监测站管理问题和改善方法分析 [J].中国设备工程，
2021(8): 155-156.

[11] 杨旭光，夏凡，左涛.水质自动监测站建设与运行管理若干问题讨论 [J].人民
长江，2012(12): 103-106.

[12] 杨柳，张磊，黄人峰，等.河道综合整治施工过程中水质保障措施 [J].云南
水力发电，2021，37(12): 184-187.

[13] 邓碧云.我国经济发展与环境质量的空间差异和时间演变分析 [D].重庆：西

南大学，2007.

[14] 中华人民共和国生态环境部. 环境监测数据弄虚作假行为判定及处理办法 [S]. 2015.

[15] 中华人民共和国生态环境部，地表水水质自动监测站选址与基础设施建设技术要求：HJ 915.1—2024[S]. 2024.

[16] 中华人民共和国生态环境部，地表水水质自动监测站（常规五参数、COD_{Mn}、NH_3-N、TP、TN）运行维护技术规范：HJ 915.3—2024[S]. 2024.